Freizeitmöglichkeiten für Assistenz- und Therapiehunde

Cavaletti-Training, Hoopers, Hundekino & Co: Wie Du einen Ausgleich zur Arbeit für Deinen Hund findest

www.dogsandjobs.de
www.dogsandjobsverlag.de

Bibliografische Information der Deutschen Nationalbibliothek:
Die Deutsche Nationalbibliothek verzeichnet diese Publikation in der Deutschen Nationalbibliografie; detaillierte bibliografische Dateien sind im Internet über http://dnb.dnb.de abrufbar.

Buch- und Coverdesign: Yes!Design

ISBN: 978-3-944473-42-0

Erste Auflage: Oktober 2017

FREIZEIT-
MÖGLICHKEITEN

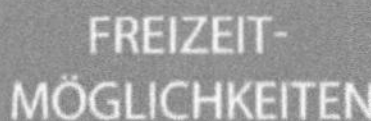

ASSISTENZHUNDE

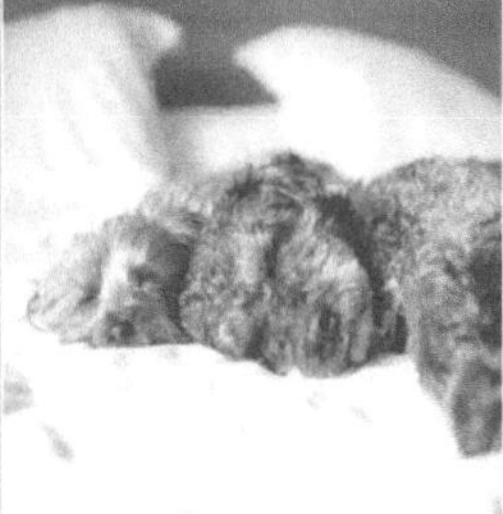

SCHULHUNDE

THERAPIE-
BEGLEITHUNDE

BESUCHSHUNDE

Olivia Neumann

Freizeitmöglichkeiten für Assistenz- und Therapiehunde

Cavaletti-Training, Hoopers, Hundekino & Co:
Wie Du einen Ausgleich zur Arbeit für Deinen Hund findest

Inhalt

VORWORT

Weltweit sind Hunde neben Katzen die liebsten Haustiere der Menschen, teilweise unterstützen sie Menschen sogar als Assistenz- oder Therapiehunde auf unterschiedliche Weisen darin, ihr Leben zu bewältigen. Allein in Deutschland teilen sich mehrere Millionen Personen ihren Haushalt mit einem Vierbeiner. Anders als Katzen nehmen Hunde häufig aktiv an unserem Alltag teil – sie begleiten uns nicht nur auf Spaziergängen, sondern auch bei vielen, täglich anfallenden Ausflügen wie zum Beispiel zum Supermarkt, zu Bekannten oder, in Fällen von Begleithunden, überallhin. Auch übernehmen sie Alltagstätigkeiten für körperlich oder psychisch eingeschränkte Menschen – bis hin zu überlebenswichtigen Hilfestellungen. Während der Mensch eine riesige Palette an Freizeitmöglichkeiten hat, bei denen er dem Alltagstrott entfliehen kann, sieht es bei Hunden nicht ganz so vielfältig aus. Oder?

Tatsächlich gibt es auch für Hunde eine große Auswahl an Freizeitaktivitäten, die nicht nur der Beseitigung der Langeweile dienen, sondern auch wichtige Vorteile für die Lebensqualität von Hund und Halter bieten können. Auf den folgenden Seiten erwartet den Leser eine Vielzahl diverser Freizeitmöglichkeiten, die den Vierbeiner auf Trab halten und ihn für eine Weile aus dem häufig langweiligen Alltag befreien. Besonders für die Besitzer arbeitender Hunde können Aktivitäten dieser Art interessant werden.

Schließlich verdient auch ein Hund etwas Spaß nach erledigter Arbeit. In solchen Situationen muss der Halter jedoch abwägen, ob die Aktivität für den Hund sinnvoll ist oder ihn in seiner Aufgabe behindert. Da dies nicht immer einfach ist, kann es lohnenswert sein, sich im Vorfeld über die verschiedenen Möglichkeiten zur Freizeitgestaltung zu informieren.

AGILITY

Das Agility-Training stellt eine der bekanntesten Hundesportarten dar, in der sogar Turniere bestritten werden. Agility lässt sich auf Deutsch mit Flinkheit oder Wendigkeit übersetzen, und genau diese sind bei dem dynamischen Hundesport auch gefordert: Der Hund muss in einer bestimmten Zeit verschiedene Hindernisse überwinden, für die es eine festgelegte Reihenfolge gibt.

Seinen Ursprung hat Agility im Jahre 1977 eigentlich „nur" als Pausenfüller für die Crufts Dog Show. Als Abwechslung zu den bislang üblichen Vorführungen der Unterordnung von englischen Hundevereinen sollte ein Pausenprogramm organisiert werden, welches das Publikum mehr mitreißen könne. Dies gelang im besagten Jahre auch: Verantwortlich dafür sind die Briten Peter Meanwell und John Varley, die von Anfang an hinter dem Hundesport standen. Der improvisierte Wettbewerb, bei dem die Hunde in verschiedenen Teams einen Parcours zu meistern hatten, fand derart großen Anklang, dass es nicht lange dauerte, bis sich das Agility-Training zum Selbstläufer wandelte und um spezielle Gerätschaften sowie ein straffes Regelwerk erweitert wurde. Heutzutage hat der dynamische Wettkampf seine Zeiten als Überbrückung der Pausen bei Hundeshows längst hinter sich gelassen und ist so gut wie jedem interessierten Hundebesitzer ein Begriff. Spätestens seit der FCI-Hundeausstellung in Dortmund im Jahre 1991 ist

Agility auch in Deutschland angekommen und bietet vielen Hunden ein anregendes Freizeitprogramm.

Klassisches Agility, welches Hunde auch für Wettkämpfe ausbildet, findet hauptsächlich in Hundeschulen statt. Dort werden spezielle Parcours aufgebaut, die sich der Hundehalter in einer kurzen Zeitspanne einprägen und durch diese der Hund daraufhin nur mit verbaler Anleitung navigiert werden soll. Leinen, Halsbänder sowie das Berühren des Hundes sind tabu.

Dabei gilt grundsätzlich: je schneller, desto besser. Im Idealfall bezwingt der Hund den kompletten, aus circa 20 Hindernissen bestehenden Parcours in nur 35 Sekunden oder weniger. Je nach Größe des Parcours kann die vorgegebene Zeit variieren, wichtiger als die Zeit ist jedoch die richtige Reihenfolge bei der Bewältigung der Hindernisse. Diese werden vor Ablauf nummeriert. Werden die Hürden in einer falschen Reihenfolge bezwungen oder bestimmte Hindernisse ausgelassen, ist dies in Wettkämpfen ein Grund für die Disqualifikation des Hunde-Halter-Teams. Deshalb ist nicht nur die körperliche Fitness des Hundes ein wichtiger Faktor, sondern vor allen Dingen Konzentration und Gehorsam. Auch an den Halter sind gewisse Anforderungen gestellt, da die Hürden bei jeder Runde neu arrangiert werden. Damit der Hund also ein gutes Ergebnis erzielen kann, kommt es auf Teamarbeit an.

Wie hoch die Anforderungen sind, entscheidet die Leistungsklasse, in die das Team eingeordnet wird. Obwohl diese Klassen meist nur bei Turnieren von Bedeutung sind, kann es für Hund und Halter ein Ansporn sein, in eine der höheren Klassen eingestuft zu werden.

In der niedrigsten Klasse, also der Klasse A1, dürfen alle Hunde beginnen, die ein Mindestalter von 18 Monaten erreicht haben. In diesem Alter ist die Wachstumsphase bei den meisten Hunden beendet, weshalb das Risiko von Schäden am Knochengerüst oder den Gelenken niedrig ist. Für Turniere ist auch wichtig, dass der Hund die Begleithundprüfung mit Verhaltenstest bestanden hat.

Da es sich bei der A1-Klasse sozusagen um die Anfängerklasse handelt, sind die Parcours auch einfacher aufgestellt.

Wenn mehrere Läufe fehlerfrei absolviert wurden, kann das Team in die nächsthöhere Klasse eingestuft werden. Nach fünf fehlerfreien Läufen steht der Hochstufung nichts mehr im Wege. Besonders ambitionierte Teams, die in den ersten Läufen hohe Platzierungen erringen konnten, können sich auch nach drei Läufen hochstufen lassen.

Für die höchste Klasse gelten die gleichen Bestimmungen. Wenn insgesamt fünf fehlerfreie Läufe nachweisbar sind, landen Hund und Halter in A3. Diese Klasse zeichnet sich durch besonders komplexe Parcours aus. Von dieser Klasse aus können sich die Teams auch für Meisterschaften qualifizieren.

Die Hürden, die der Hund bewältigen muss, sind in allen Klassen grundlegend ähnlich.

Eine davon ist ein rutschsicherer Tisch, auf dem der Hund fünf Sekunden lang verweilen und erst nach Kommando abspringen darf. Auch Slalomparcours gehören zum Standardequipment im Agility.

Besonders interessant sind diverse Sprunghürden wie zum Beispiel Reifen, Stangenhürden oder Markierungen, an denen der Hund sich im Weitsprung beweisen darf. Zusätzlich dazu kommen sogenannte Kontaktzonenhindernisse wie die Wippe, der Laufsteg und die Schrägwand.

Auch Tunnel sind beliebte Hindernisse für das Agility-Training.

Während die großen Gerätschaften eher etwas für das Training an der frischen Luft sind, lässt sich beispielsweise mit Tunneln, Stühlen und etwas Improvisationsgeschick auch ein kleiner Parcours zu Hause aufbauen. Ein Tunnel zum Beispiel lässt sich ganz leicht imitieren, indem ein Paar Stühle hintereinandergestellt werden, über die der Halter eine Decke legt.

Da es zu Hause kein Reglement gibt, kann der Hundebesitzer ganz nach Lust und Laune Hürden erfinden, je nachdem wie viel Platz das eigene Heim zulässt.

Schlussendlich stellt sich noch die Frage: Ist mein Hund überhaupt für das Agility-Training geeignet?

Theoretisch kann jeder Hund zu einem Agility-Profi werden, solange er gut und gerne gehorcht, menschenfreundlich ist und keine gesundheitlichen Probleme aufzeigt. Ob der Hund jedoch Spaß an dem doch recht anspruchsvollen Training haben könnte, muss der Halter selbst entscheiden. Dies kann entweder anhand dessen beurteilt werden, ob der Hund gerne spielt oder nachdem ein Schnupperkurs besucht wurde, den viele Agility-Vereine anbieten.

Jedoch eignen sich übergewichtige oder besonders große Hunde weniger für das Agility-Training, da ihre Masse sie bei Sprüngen oftmals behindert und ihre Gelenke großen Strapazen aussetzt. Auch Welpen dürfen nicht an Agility-Trainings teilnehmen, da sie sich noch im Wachstum befinden und viele Hindernisse so irreparable Schäden an den Gelenken und am Knochengerüst hervorrufen könnten. Darüber hinaus sind nur die wenigsten Welpen gehorsam genug, um ein solches Training zu absolvieren.

Geeignet für Therapie- und Assistenzhunde?

Für Therapie- und Assistenzhunde kann die Teilnahme am Agility-Training von Vorteil sein. Nicht nur stärkt sich auf diese Weise das Band zwischen Hund und Halter, auch geht es beim Agility-Training darum, dass der Hund sich weder von anderen Hunden noch anderen Menschen ablenken lässt, was ein essentieller Faktor für Arbeitshunde ist. Menschen mit körperlichen Behinderungen könnten jedoch noch mehr von der speziellen Unterkategorie Paragility profitieren, bei der in der Regel auch berücksichtigt wird, dass der Platz für Rollstühle geeignet ist.

PARAGILITY

Ähnlich wie es zu den Olympischen Spielen auch die Paralympics gibt, gesellt sich Paragility (oder auch Para-Agility) zum Agility-Training für Hunde. Dieser Wettkampf richtet sich speziell an Menschen mit körperlichen Behinderungen und ihre Hunde. Meist nehmen an dieser Hundesportart Menschen im Rollstuhl oder mit einer Gehbehinderung teil. Da Assistenzhunde außer dem täglichen Auslauf oftmals wenig Ausgleich zur Arbeit haben, eignet sich diese Sportart besonders, um ihnen ein wenig Spaß neben dem Alltag zu bieten. Weltweit ist Paragility jedoch noch relativ unbekannt, da es sich hier um eine recht neue Form des Trainings handelt, dessen Vorreiter Holland ist.

Doch nicht nur für den Hund ist Paragility interessant, insbesondere für den Halter bietet sich hier die Möglichkeit wertvoller zwischenmenschlicher Kontakte, da er auf Personen mit ähnlichen Erfahrungen trifft und auf ein gemeinsames Ziel hinarbeiten kann. Das Prinzip von Paragility ist im Grunde dasselbe wie auch das des ursprünglichen Agility-Trainings.

Das Team hat innerhalb einer vorgegebenen Zeit einen Hindernisparcours zu bezwingen, der aus unterschiedlichen Hürden besteht. Häufig besteht ein solcher Parcours jedoch aus weniger Hindernissen als jene beim gewöhnlichen Agility-Training.

Auch werden für Paragility internationale Wettkämpfe veranstaltet, die die

Teams in unterschiedliche Wettkampfgruppen einteilen. Diese Gruppen sind nach dem Handicap des Menschen gegliedert. So gibt es jeweils eine eigene Gruppe für Rollstuhlfahrer mit elektrischem Antrieb und jenen ohne, Behinderungen am Oberkörper (inklusive Sehbehinderungen) sowie Behinderungen am Unterkörper.

Da für Assistenzhunde ordnungsgemäßer Gehorsam Voraussetzung ist, können theoretisch alle Hunde teilnehmen. Lediglich bei zu großen oder schweren Hunden sollte im Vorhinein der Tierarzt konsultiert werden.

Geeignet für Assistenzhunde?

Da Paragility sich vorrangig an Menschen mit körperlichen Behinderungen richtet, ist das Training für Assistenzhunde geeignet. Lediglich Menschen mit Sehbehinderungen könnten Probleme bekommen, da die Hindernisse für sie eine Gefahr darstellen könnten.

LONGIEREN MIT HUND

Obwohl das Longieren eher aus dem Reitsport bekannt ist, lassen auch viele Hundebesitzer ihren Hund regelmäßig seine Runden drehen. Beim Longieren wird das Tier (in diesem Fall: der Hund) anfangs an der Leine um einen abgesteckten Kreis herum geführt. Das Longieren mit dem Hund zeichnet aus, dass die Leine nur bei Anfängerhunden gebraucht wird. Eigentlicher Sinn des Trainings ist, den Hund mittels Körpersprache um den Ring zu führen. Dadurch soll die Bindung zwischen Hund und Halter gestärkt und der Gehorsam des Tieres trainiert werden. Zusätzlich bietet Longieren dem Hund notwendigen Auslauf.

Wie bereits erwähnt hat das Longieren seinen Ursprung mit großer Wahrscheinlichkeit im Reitsport, wo das Pferd an Zügel und „Leine“ (der Longe) durch den Reiter im Mittelpunkt des Kreises geführt wird. Jedoch ist es auch denkbar, dass die Inspiration für den laufintensiven Hundesport aus dem Training von Hütehunden stammt, die um eine eingepferchte Schafsherde herum kreisen müssen.

Da es sich beim Longieren um einen vergleichsweise jungen Hundesport handelt, gibt es (noch) kaum gefestigte Richtlinien oder gar Turniere. Dies ist aber auch nicht besonders wichtig, denn anders als andere Hundesportarten, die einen richtigen Wettkampf darstellen und bestimmte Leistungen vom Hund fordern, gilt das Longieren hauptsächlich als Freizeitaktivität und gewissermaßen „Pärchenzeit" für das Hund-Halter-Team.

Gemäß dem Motto „Distanz schafft Nähe", das häufig im selben Atemzug mit dem Longieren mit Hund genannt wird, soll der Hund lernen, seinem Halter Aufmerksamkeit entgegenzubringen und schnell auf Kommandos und seine Körpersprache zu reagieren. Anders als das Training für Pferde wird hier nicht nur die Geschwindigkeit geübt, auch Richtungswechsel, Apportierübungen oder gar Hindernisse können in das Training eingebaut werden und es abwechslungsreich gestalten. Auf diese Weise wird der Hund nicht nur physisch, sondern auch geistig gefordert.

Wie groß der Kreis ist, um den herum gearbeitet wird, entscheidet sich anhand der Größe des Hundes.

Gängig ist ein Durchmesser von 10 bis 30 Metern. Inmitten dieses Kreises befindet sich der Hundehalter, der von seinem Standpunkt aus verbale sowie nonverbale Kommandos gibt.

Am Anfang wird der Hund noch an der Leine geführt, jedoch ist das Ziel des Trainings ein reibungsloser Ablauf ohne Leine. Das Training funktioniert aufgrund der Konditionierung des Hundes. Sobald dieser ein Kommando richtig ausführt, bekommt er Bestätigung vom Halter. Dies führt dazu, dass der Hund verstärkt auf seinen Halter achtet, womit die Konzentration geschult werden kann. Zu Beginn des Trainings steht der Halter noch am äußeren Rand des Kreises. So erfährt der Hund sowohl Kommando als auch Bestätigung aus der Nähe. Bei jeder Runde entfernt sich der Halter etwas vom Hund und bewegt sich auf die Mitte des Kreises zu, weshalb das Tier umso aufmerksamer werden muss. Je besser dies funktioniert, desto komplexer kann das Training aufgebaut werden.

Besonders wichtig beim Longieren ist, dass verbale Kommandos von nonverbalen begleitet werden. Das bedeutet, dass ein Richtungswechsel zum Beispiel durch das Ausstrecken eines Armes in die gewünschte Richtung signalisiert wird.

Der erste Fortschritt ist für das Team das Weglassen der Leine. Auch können weitere, bislang nicht genutzte Kommandos hinzugefügt, Hindernisse eingebaut oder gar die Markierung des Kreises entfernt werden. So wird das

Training nicht langweilig und der Hund über seine Grenzen hinausgeführt. Wer mag, kann das Longieren auch dadurch erweitern, dass zwei Longierkreise genutzt werden. Auch mehrere Hunde gleichzeitig können ein solches Training absolvieren, was besonders Halter mit mehreren Lieblingen glücklich machen dürfte.

Der Effekt, der sich beim Longieren mit dem Hund einstellt, ist eine verbesserte Kommunikation zwischen Mensch und Tier, die auch auf Distanz funktioniert. Beide Parteien lernen die Notwendigkeit der Körpersprache ihres Gegenübers und schulen sich darin, diese aufmerksam zu beobachten. Deshalb ist das Longieren besonders für Therapiehunde eine gute Übung. Durch den Fokus auf die nonverbale Kommunikation kann das Reagieren auf den Halter auch für spätere Arbeitssituationen geübt werden.

Jedoch kann auch passieren, dass der Hund sich zu sehr an das Training gewöhnt und seine Reaktion bei fehlendem Sichtkontakt zum Halter nachlässt. Für Rettungshunde eignet sich das Longieren deshalb eher weniger.

Grundsätzlich ist der Hundesport jedoch für alle Hunde geeignet, unabhängig von Rasse, Alter und körperlicher Verfassung. Schließlich lässt sich das Training individuell an den Hund anpassen.

Tiere, die etwas eingerostet sind oder Probleme mit dem Bewegungsapparat haben, können durch das Longieren wieder Freude am Auslauf finden und ihre Muskeln aufbauen. Welpen hingegen lernen schon von klein auf, mit ihrem Halter zu interagieren.

Aufgrund der Tatsache, dass für das Training kaum Ausrüstung notwendig ist, kann der Halter es auf eigene Faust versuchen. Alles, was benötigt wird, ist eine freie Fläche, die mindestens einen Durchmesser von 10 Metern aufweist und Absperrband und Zeltheringe, um den Kreis abzustecken.

Wer über ein großes Grundstück verfügt, muss sich also keinerlei Gedanken darüber machen, ob der Hund zu sehr durch sein Umfeld abgelenkt sein könnte.

Geeignet für Theapie- und Assistenzhunde?

Therapiehunde können vom Longieren profitieren, da es das Kommunikationsverständnis fördert. Was Assistenzhunde betrifft, können vor allem LPF-Assistenzhunde das Training mit der Longe absolvieren, sofern der Kreis rollstuhlgerecht ist. PTBS-Assistenzhunde, Signalhunde und Autismushunde, können nur longiert werden, wenn Sie während des Trainings keine Aufgabe, wie Signale anzeigen, bei Meltdown beruhigen oder Schutz geben von sich aus ausführen sollen. Allerdings sollten Blindenführhunde nicht longiert werden, da die korrekte Ausführung mit einer Sehbehinderung nicht möglich sein wird. Auch Warnhunde für Diabetiker, Epileptiker, Asthmatiker und Schlanganfallpatienten sollten nicht longiert werden, da sie vor drohenden Unterzuckerungen oder Anfällen während des Trainings nicht warnen können, wenn sie auf Distanz bleiben sollen. Zudem sollten Warnhunde nie lernen, auf Abstand zu bleiben, da dann die Motivation zu warnen nachlassen kann. Zusätzlich kann der Hund Stress empfinden, wenn er in die Lage versetzt wird, entscheiden zu müssen, ob er gehorsam ist oder den Gehorsam bricht um zu warnen.

REITBEGLEITUNG

Es ist nicht unüblich, dass Menschen mit einer Leidenschaft fürs Reiten auch allgemein tierfreundlich sind und einen Hund zu Hause haben. Da kommt auch schnell die Idee auf, den Hund als Reitbegleitung mitzunehmen. So kann der Halter sein Hobby mit seinem vierbeinigen Liebling teilen.

Die oberste Voraussetzung für ein gutes Gelingen ist jedoch, dass sowohl Halter als auch Hund über eine ordnungsgemäße Ausbildung verfügen. Das bedeutet, dass der Reiter fortgeschritten ist und sehr sicher im Sattel sitzt. Der Hund sollte zumindest Grundkommandos beherrschen. Auch das Pferd sollte nicht unbedingt das wildeste sein und problemlos mehrere Minuten stehen bleiben können.

Ebenso wichtig ist die gemeinsame Gewöhnung der Tiere. Im Idealfall lernt der Hund schon im Welpenalter Pferde kennen, um sich an die großen Tiere sowie das Geklapper der Hufe zu gewöhnen.

Ein Hund, der erst im Erwachsenenalter an Pferde herangeführt wird, könnte seinem natürlichen Jagdtrieb nachgeben und das Pferd mit Jagen und Bellen verschrecken. Auch sind Hunde, bei denen die Grundkommandos nicht perfekt sitzen, ein großes Sicherheitsrisiko für alle beteiligten.

Ebenfalls gilt es zu beachten, dass in manchen Bundesländern eine Leinenpflicht für Reitbegleithunde gilt.

Besonders wichtig für Reitbegleithunde ist das Kommando „Vorwärts". So kann verhindert werden, dass der Hund zu früh losläuft und die Sicherheit des Reiters sowie seine eigene gefährdet.

Grundsätzlich kann jeder Hund eine hervorragende Reitbegleitung darstellen, jedoch gibt es einige Rassen, die erfahrungsgemäß besonders viel Spaß an einer solchen Aufgabe haben.

Dazu zählen beispielsweise Jack Russel Terrier, Dalmatiner, Border Collies sowie Golden Retriever. Viel wichtiger jedoch ist, dass der Hund ausreichend ausgebildet ist. So muss der Hund auf jeden Fall bedingungslos den Kommandos seines Besitzers folgen, sich weder vom Pferd noch von anderen Hunden ablenken lassen, wissen, wie man sich im Straßenverkehr benimmt sowie auf Handzeichen seines Besitzers zu achten. Das Mindestalter, das der Hund erreicht haben sollte, ist je nach Hund ein oder anderthalb Jahre. Darauf gilt es zu achten, da es ansonsten zu Schäden am Knochengerüst kommen kann. Ab dem Alter von circa einem Jahr hat sich der Körper des Hundes weit genug entwickelt.

Am Anfang sollte der Hund gemeinsam mit dem Pferd spazieren geführt werden, damit die Tiere sich aneinander gewöhnen können. Wenn das erste Mal geritten wird, muss der Halter darauf achten, zunächst nur im Schritt zu reiten, um den Hund nicht zu überfordert. Besonders kleine Hunde können anfangs Probleme damit haben, Schritt zu halten. Ganz am Anfang ist es auch ratsam, eine weitere Begleitperson auf die Ausritte mitzunehmen, die im Zweifelsfall eingreifen kann.

Einige Reitvereine bieten sogar Lehrgänge für Hund und Halter an, damit der gemeinsame Ausritt nicht schief gehen kann. Darin werden zum Beispiel Themenbereiche behandelt, die sich mit gängigen rechtlichen Vorschriften auseinandersetzen, bestimmte Übungsparcours für Hund und Pferd absolviert und die nötigsten Kommandos für Reitbegleithunde aufgefrischt.

Geeignet für Therapie- und Assistenzhunde?

Therapiehunde können gerne Reitbegleitung ausüben. Auch für Assistenzhunde ist sie grundsätzlich geeignet. Einzig bei Warnhunden für Epilepsie, Diabetes, Schlaganfall und Asthma sollte darauf geachtet werden, dass der Hund trotzdem warnen kann, z. B. durch bellen, falls nötig und das Reiten keine Gefahr für den Menschen darstellen kann.

CAVALETTI-TRAINING

Ebenfalls aus dem Bereich des Pferdesports gibt es das Cavaletti-Training für Hunde. Der Name dieser Sportart bezieht sich auf kleine Hindernisse aus Metall, die Cavaletti oder Bodenricks genannt werden. Diese sind sehr niedrig und sollten etwa auf der Höhe der „Handgelenke" des Hundes liegen.

Diese Stangen werden hintereinander aufgebaut, die Aufgabe des Hundes ist es, die Pfoten über die Stangen zu heben und durch den Parcours zu laufen. Da die Aufgabe schnell verständlich ist und keine großartigen Voraussetzungen von Nöten sind, hat das Training für Hunde aller Art Vorteile. Da die Bewegungen, die der Hund beim Cavaletti-Training vollführt, sehr gleichmäßig sind, ist diese Hundesportart besonders gelenkschonend. Deshalb ist das Cavaletti-Training ideal für ältere Hunde, die Probleme mit dem Bewegungsapparat vorweisen, aber auch für Welpen, die sich noch im Wachstum befinden. Der Urvater des Cavaletti-Trainings für Pferde ist der Italiener Frederico Caprilli, der die Bodenricks erstmals in Springturnieren einsetzte. Seit wann die Sportart auch bei Hundehaltern beliebt ist, ist jedoch nicht genauer bekannt. Die Zielsetzung ist jedoch die gleiche: Durch die gleichmäßigen, aber doch fordernden Bewegungen werden die Muskeln sowohl gestärkt als auch entspannt, was zu einem stetigen und schonenden Muskelaufbau führt. Gleichzeitig wird auch das Herz-Kreislauf-System geschult, weshalb Cavaletti-Training sich auch für Hunde mit Übergewicht eignet. Ebenso wie bei dem Cavaletti-Training für Pferde wird auch mit Hunden in drei Gangarten gearbeitet, nämlich Schritt, Trab und Galopp. Wie die Stangen aufgebaut werden, wird für jeden Hund individuell entschieden. Bei Anfängern sollten die Stangen, wie bereits erwähnt, etwa auf der Höhe des Carpus („Handgelenks“) liegen. Um das Training etwas fordernder zu gestalten, können die Stangen auch höher angesetzt werden. Dabei muss jedoch gegebenenfalls auch der Abstand verringert werden, um dem Hund die Möglichkeit zu bieten, bequem zu traben. Anders als bei dem bei Hundehaltern sehr beliebten Agility-Training liegt der Fokus beim Cavaletti-Training jedoch nicht auf Schnelligkeit und kunstvollen Sprüngen. Viel eher sollen hierbei gleichmäßige Bewegungen ausgeführt werden. Die angestrebte Körperhaltung ist ein leicht gesenkter Kopf und ein langer, also gerade gehaltener, Rücken. Doch nicht nur als Freizeitmöglichkeit ist das Cavaletti-Training bestens geeignet: Auch vor einem physiotherapeutischen Hintergrund kann diese Hundesportart sehr sinnvoll sein, allerdings ist es hierbei notwendig, dies zunächst mit dem Tierarzt abzusprechen. Denn nicht nur ältere Hunde können von den gelenkschonenden Trainingseinheiten profitieren, auch nach Operationen kann das Cavaletti-Training helfen, den Hund zu rehabilitieren und ihn zu seiner ursprünglichen Fitness zurückzuführen. Dies liegt daran, dass, obwohl sehr wenig Material benötigt wird, die Bodenricks eine unendliche Vielfalt an Positionen bieten, die an die Bedürfnisse eines jeden Hundes angepasst werden können. Insbesondere Assistenzhunde und ihre Besitzer können an einem solchen Training viel Spaß haben, da der Halter selbst sich nur wenig bewegen muss und der Hund gefordert wird, ohne sich zu viel Stress und körperlicher Belastung aussetzen zu müssen.

Cavaletti-Training wird von vielen Hundeschulen und anderen Vereinen angeboten, allerdings kann es auch im heimischen Wohnzimmer geübt werden. Wer jedoch zunächst ausprobieren möchte, ob der Hund auch Spaß an der vom Reitsport inspirierten Trainingsmethode hat, muss kein Vermögen für spezielle Bodenricks ausgeben. Für den Anfang reicht es auch, mehrere Besenstiele mithilfe einer improvisierten Vorrichtung (mit etwas handwerklichem Geschick zusammengebaute, x-förmige Halterungen oder einfach auf ein paar Bücher gelegt) aufzubauen und den Hund drüberlaufen zu lassen. Da dem Hund während des Trainings viel Konzentration abverlangt wird, lohnt es sich, die Pausen zwischen den Läufen für kurze Entspannungsmethoden zu nutzen. Dies kann eine Körpermassage für den Hund sein, ein kleiner Snack oder das Ausstreichen der Ohren des Hundes. Letzteres ist von der Akupunktur inspiriert und kann auch in stressigen Situationen helfen.

Nachdem der Hund sich etwas beruhigen konnte, kann die nächste Runde in Angriff genommen werden. Idealerweise werden die Bodentricks hierfür auch ein wenig verstellt. Je weiter diese auseinanderstehen, desto größere Schritte muss der Hund machen. Dies bedeutet gleichzeitig, dass das Training nun etwas dynamischer abläuft.

Als Motivation für den Hund kann am Ende des Parcours ein Leckerbissen liegen. Doch auch mit Zieh-und-Zerrspielen lassen sich viele Hunde zum Trainieren bewegen. Was am besten mit dem eigenen Hund funktioniert, muss der Halter jedoch selbst ausprobieren.

Geeignet für Therapie- und Assistenzhunde?

Cavaletti-Training ist für alle Therapiehunde geeignet, besonders wenn Zieh- und Zerrspiele nicht verwendet werden, da diese im Einsatz meist nicht geeignet sind. Für die meisten Assistenzhunde ist es ebenfalls geeignet, da das Training keine große Distanz zum Halter benötigt und auch leicht unterbrochen werden kann. Zusätzlich wird der Halter nicht körperlich gefordert, weshalb auch Menschen mit körperlichen Behinderungen teilnehmen können.

TRICKDOG

Trickdog ist eine Hundebeschäftigung, die die meisten Hundehalter vermutlich inoffiziell betreiben. Hierbei handelt es sich nämlich um spezielle Kurse, bei denen dem Hund verschiedene Tricks beigebracht werden. Dies können Klassiker wie „Pfötchen geben“ oder „Männchen machen“ sein, aber auch komplexere und originellere Kunststücke stehen an der Tagesordnung. Auch lassen sich beim Trickdog verschiedene Elemente zu Choreographien zusammensetzen und mit Musik unterlegen, was in Fachkreisen „Dog Dancing“ genannt wird. Ein Kurs zum Thema Trickdog ist nicht nur sinnvoll, um dem geliebten Vierbeiner ein paar neue Kunststücke beizubringen, sondern richtet sich in erster Linie an den Halter. Mögliche Themen sind zum Beispiel die richtige Wahl der Motivation (also Leckerchen, Spielzeug oder Clicker-Training), der perfekte Zeitpunkt, um positive Stimuli einzusetzen oder Grundkommandos, die beim Trickdog-Training nützlich sein können. Wie bereits angedeutet, wird bei Trickdog häufig ein Clicker eingesetzt. Hierbei handelt es sich um ein kleines Gerät, das beim Auslösen ein Click-Geräusch macht, welches der Hund mit einem positiven Reiz verbindet. Diese Konditionierung muss zunächst eine Weile eintrainiert werden, indem der Halter den Clicker nutzt und im selben Moment eine Belohnung für den Hund bereithält. In kürzester Zeit wird der Hund seine Aufmerksamkeit auf den Clicker lenken, statt sich für die Belohnung zu interessieren, und erfährt somit Bestätigung durch das Klicken. Dies ist besonders praktisch, wenn eine Reihe verschiedener Tricks hintereinander vollführt werden soll. Der Fokus eines solchen Kurses liegt auf der mentalen Auslastung des Hundes, da die verschiedenen und teilweise fordernden Tricks garantiert keine Langeweile aufkommen lassen. Allerdings kommt Trickdog dem Hund auch körperlich zugute. Da der Halter die Möglichkeit hat, eine schier endlose Anzahl an Tricks gemeinsam mit seinem Hund auszuprobieren, kann er das Training auf die individuellen Bedürfnisse seines Vierbeiners ausrichten. Tricks, die das Stehen oder Laufen auf zwei Beinen beinhalten, können beispielsweise die Rückenmuskulatur dehnen und die Hinterläufe stärken. Auch kann Trickdog helfen, das Hund-Halter-Team auf spielerische Weise näher aneinanderzubinden, was insbesondere bei Therapiehunden ein nützlicher Aspekt ist. Vor allem für Hunde, die mit Kindern oder Senioren arbeiten, können Tricks auch innerhalb ihrer „Berufe" sinnig sein. Die einzige Voraussetzung für jeden erfolgreichen „Trickdog" ist lediglich, dass der Hund sich gut durch positive Bestätigung wie Spielzeug oder Futter motivieren lässt und auch Spaß daran hat, Neues zu erlernen. Ebenfalls ist es wichtig, bei einigen Tricks miteinzubeziehen, ob der Hund gesundheitlich in der Lage ist, diesen auszuführen. Wenn ein Element gesundheitlich bedenklich sein könnte, sollte es also lieber nicht in die Choreographie aufgenommen werden. Damit das Lernen nachhaltig funktioniert und sowohl Hund als auch Halter Spaß macht, sollte Geduld ein wichtiger Bestandteil des Trainings sein. Es ist wichtig, den Hund nicht zu überfordern und ihm genug Zeit zu geben, die neuen Informationen zu verarbeiten.

Obwohl ein Trickdog-Kurs in der Hundeschule viel Spaß und auch nützliche Kompetenzen bringen kann, hält den Halter jedoch nichts davon ab, es auch zu Hause auszuprobieren. Alles, was benötigt wird, sind Hund, Mensch und etwas, das als Bestätigung genutzt werden kann, wie zum Beispiel Futter oder das liebste Spielzeug des Vierbeiners. Anschließend funktioniert es ähnlich, wie auch das Lernen der Grundkommandos. Da die Auswahl der verschiedenen Kunststücke riesig ist, können im Folgenden selbstverständlich nicht alle Tricks aufgeführt werden. Aber es gibt einige, die sofort erprobt werden können. So zum Beispiel das Balancieren von Leckerlis auf der Nase des Hundes. Dafür sollte idealerweise eines gewählt werden, das der Hund nicht ausgesprochen gerne mag, mit dem er sich aber doch bestechen lässt. Dieses wird dicht vor seine Nase gehalten. Daraufhin muss der Halter ein auflösendes Wort sagen (beispielsweise „Jetzt!“), bevor der Hund nach dem Leckerli schnappt. Dieser Vorgang wird so lange wiederholt, bis der Hund erst beim Kommando nach der Belohnung schnappt. Auch Slalomlaufen ist eine Übung, die so gut wie jeder Hund mit Freude ausführen kann. Für einen Slalomparcours reicht es, beliebige Gegenstände in einem solchen Abstand auf den Boden zu legen, dass der Hund problemlos hindurchlaufen kann. Anschließend wird er mittels Leckerli im Slalom durch den Parcours gelockt und bekommt es nach dem vollendeten Lauf. Ähnlich funktioniert auch der Trick „Acht“, bei dem der Hund entweder um zwei Hürden oder um die Beine des Herrchens läuft. Dafür muss er mit dem Leckerli in Form einer halben Acht geführt werden. Beim nächsten Versuch lockt der Halter ihn noch etwas weiter, und gibt schlussendlich das Kommando. Dann folgt eine weitere Belohnung.

Trickdog eignet sich als Entlastung zum Alltag, da die Abwechslung und die Belohnungen definitiv niemals langweilig werden. Wenn nicht zu rigoros trainiert wird, hält sich auch der Stresspegel des Hundes in Grenzen, sodass der Spaß stets im Vordergrund bleibt.

Geeignet für Therapie- und Assistenzhunde?

Trickdog ist für alle Therapie- und Assistenzhunde gleichermaßen geeignet. Lediglich bei Signalhunden muss darauf geachtet werden, dass die Kommandos zum Anzeigen nicht während des Trainings genutzt werden.

CROSSDOGGING

Crossdogging ist eine der vielfältigsten Hundesportarten weit und breit. Dies liegt nicht zuletzt daran, dass diese Freizeitaktivität aus vielen verschiedenen anderen Sportarten zusammengefügt wurde. So finden sich beim Crossdogging zum Beispiel Trickdog-Elemente wieder, aber auch einige aus dem Agility entlehnte Dinge. Beim Crossdogging wird jede einzelne Kategorie gefordert: Mentale Fähigkeiten, Geschicklichkeit, Fitness und auch Teamarbeit. Aus diesem Grund bietet die abwechslungsreiche Sportart sowohl Hund als auch Halter viel Action und Spaß. Doch was genau ist Crossdogging überhaupt? Obwohl es eine Unterteilung in Study (Anfänger), Bachelor (Fortgeschrittene) und Master (Profis) gibt, handelt es sich beim Crossdogging nicht um eine straffe Ausbildung oder gar ein Studium. Anstatt dass der Fokus auf der korrekten Ausführung bestimmter Regeln liegt, geht es beim Crossdogging viel mehr um Abwechslung und Spaß. Diese sollen garantiert werden, indem das aus Hund und Halter bestehende Team eine Art Zirkeltraining für Hund und Mensch absolviert, bei dem fünf verschiedene Aufgaben mehrmals hintereinander gemeistert werden sollen. Crossdogging lebt davon, Aufgaben aus vielen verschiedenen Hundesportarten zu integrieren. Aus diesem Grund ist es gleichermaßen für Hunde geeignet, die vollkommen neu auf dem Gebiet der Hundesportarten sind, aber auch für solche, die ein bestimmtes Gebiet perfektioniert haben und noch mehr gefordert werden können. So hat der

Halter auch die Möglichkeit, seinen Hund besser kennen zu lernen und herauszufinden, was ihm besonders viel Spaß macht. Die Aufgaben können jedoch nicht nur den Hund, sondern auch den Halter fordern: Ein beliebtes Beispiel ist die Aufgabe, bei der der Hund still liegen bleiben muss, bis sein Herrchen oder Frauchen mittels Essstäbchen eine Wurst in einen Napf gelegt hat. Sobald diese darin liegt, darf der Hund loslaufen. Crossdogging lebt vor allen Dingen von der Kreativität, mit der die Aufgaben gestaltet werden, weshalb es sich hierbei um eine besonders spaßige Art des Hundesports handelt, die für alle Rassen und grundsätzlich auch für Hunde jedes Alters geeignet ist. Auch Hunde, die nicht die beste körperliche Fitness vorweisen können, sind beim Crossdogging gut aufgehoben. Während bei bestimmten Sportarten zum Beispiel Schnelligkeit wichtig ist, kann ein solches Handicap in der Kür vom Halter umgangen werden. Wenn der Hund nicht besonders schnell ist, umläuft er Hindernisse eben im Slalom. Hat der Hund zu kurze Beine, um hohe Hindernisse zu überspringen, kann sein Halter ihn unter dem Hindernis hindurchlaufen lassen. Die Kür kann immer individuell an den Hund angepasst werden, das einzig Wichtige ist die Kreativität. Der spielerische Aspekt wird insbesondere dadurch verstärkt, dass es innerhalb von Hundeschulen auch Wettkämpfe gibt, aus denen ein Ranking aller Teams hervorgeht. Vorteilhaft ist also, wenn Hund und Halter sich sehr gut kennen und auch gut befreundet sind.

Crossdogging in einer Hundeschule läuft meistens so ab, dass es vor dem Meistern einer Kür einige Übungsstunden gibt, bei denen die für jeden Monat neu festgesetzten Schwerpunkte geübt werden. So kann einen Monat zum Beispiel verstärkt das Springen, Fangen oder Apportieren geübt werden und schlussendlich diese Elemente wieder in der Kür auftauchen. Von den fünf Stationen, die absolviert werden müssen, orientieren sich in der Regel drei an diesen vorher vereinbarten Themenschwerpunkten. Anschließend werden diese Stationen aufgebaut und das Team bekommt die Möglichkeit, sich schon vorher heranzuwagen. So kann auch bestimmt werden, welche Aufgaben dem Hund nicht besonders gut und welche ihm besser liegen. An dieser Stelle kommt also der Erfindungsgeist des Halters hinzu. Die Stationen müssen immerhin gemeistert werden; wie, ist meistens nicht ganz so wichtig. Nach dieser Einführung treten zwei Teams gegeneinander an. Während das eine Team die Stationen hinter sich bringt, vergibt das andere Team die Punkte. Diese können schlussendlich im Online-Ranking eingetragen werden. Die Schwerpunkte sind in der Regel deutschlandweit die gleichen, weshalb ein bundesweites Ranking möglich ist.

Doch obwohl Spaß eine sehr wichtige Komponente im menschlichen und auch im hündischen Alltag sein sollte, gibt es noch viele weitere Aspekte, die für das Crossdogging sprechen. Zum einen wird durch die Kooperation zwischen Hund und Halter die Beziehung gestärkt, was insbesondere bei Assistenzhunden und ihren Besitzern eine große Hilfe im Alltag sein kann. Darüber hinaus bietet Crossdogging arbeitenden Hunden die Möglichkeit, sich spielerisch zu entfalten und einen Ausgleich zu ihrer Routine zu schaffen. Auch für den Menschen hält der turbulente und vielfältige Hundesport einige Vorteile bereit. Viele Halter, die ihre Hobbylandschaft durch das Crossdogging erweitert haben, berichten, im Alltag kreativere Lösungsvorschläge finden zu können, was auch innerhalb des Berufs hilfreich sein kann. Zusätzlich dazu lernen sie ihren Hund als Begleiter besser kennen und entdecken durch die große Vielfalt an Aufgaben Talente an ihm, die sie ihrem Vierbeiner vielleicht nicht zugetraut und in altbekannter Umgebung auch nicht gefunden hätten. Besonders reizvoll ist auch die Tatsache, dass Crossdogging aufgrund der lockeren Regeln für ausnahmslos jeden Hund geeignet ist. Selbst, wenn gesundheitliche Probleme vorliegen, wie zum Beispiel Gelenkbeschwerden, kann der Hund am Crossdogging teilnehmen, da es am Halter liegt, einen Weg zu finden, die Hindernisse an seinen eigenen Liebling anzupassen. Nichtsdestotrotz sollte eine Teilnahme mit dem Tierarzt besprochen werden, falls Unsicherheiten auftauchen.

Wer sich für Crossdogging interessiert, kann sich bei vielen Hundeschulen für einen Schnupperkurs anmelden. Hier hat das Hund-und-Halter-Team unverbindlich die Möglichkeit herauszufinden, ob sie an dem abwechslungsreichen Training Spaß haben. Ebenso ist es jedem Hundehalter möglich, ein Mini-Zirkeltraining im heimischen Wohnzimmer zu gestalten. Die

Aufgaben hängen hierbei von der eigenen Kreativität ab.

Geeignet für Therapie- und Assistenzhunde?

Crossdogging eignet sich grundsätzlich gut für Therapie- und Assistenzhunde, da der Halter und sein Hund die Möglichkeit haben, die Aufgaben auf ihre Weise zu lösen, weshalb auch mit Behinderungen gearbeitet werden kann. Achten Sie allerdings darauf, dass unerwünschte Verhaltensweisen, wie Futter vom Boden aufnehmen, wenn Sie mit der Arbeit des Therapiehundes oder den Standards von Assistenzhunden kollidieren, nicht ausgeführt werden.

DOGSCOOTING

Dogscooting ist eine noch relativ unbekannte Hundesportart, die so manchen Laien vermutlich zunächst in die Irre führen könnte. Der Begriff Scooting ist den meisten Menschen schließlich eher in Verbindung mit Rollschuhen oder Inline-Skates begegnet, die man sich an einem Hund nur schwerlich vorstellen kann. Das muss man allerdings auch gar nicht, da Dogscooting tatsächlich nicht ganz so kurios ist. Eher als mit Hunden auf Rollen ist der Sport mit dem Ziehen von Hundeschlitten vergleichbar, weshalb auch die Bezeichnung „Off Snow Mushing“ geläufig ist. Beim Dogscooting geht es nämlich darum, gemeinsam mit Hund und Tretroller die Umgebung zu erkunden. Der Hund ist mittels Leine am Dogscooter befestigt und kann nach Lust und Laune vorauslaufen, während der Mensch hinterherfährt. Der Roller wird nicht vollständig vom Hund gezogen, weshalb dieser auch nicht überlastet werden kann. Im Gegenteil: Dogscooting ist sowohl für Hund als auch für den hinterherrollenden Menschen eine gute Möglichkeit, in Form zu bleiben, und bietet gleichzeitig einen hohen Spaßfaktor. Damit das Abenteuer losgehen kann, sind im Vorfeld jedoch einige Besorgungen zu treffen sowie Sicherheitsrisiken aus dem Weg zu räumen. Das Allerwichtigste beim Dogscooting ist, dass die spezifischen Kommandos, die bei dieser Freiluft-Sportart gebraucht werden, fehlerfrei sitzen müssen. Ansonsten kann das gemeinsame Fahren mit dem Dogscooter schlimmstenfalls gefährlich werden. Es muss bedacht werden, dass die durchschnittliche Geschwindigkeit beim Dogscooting 25 bis 30 Kilometer pro Stunde beträgt, weshalb die Sicherheit beider Parteien davon abhängt, dass der Hund zumindest bedingungslos auf Kommando loslaufen und auch stehenbleiben kann. Dies wird besonders wichtig, wenn mehrere Hunde vor den Scooter gespannt werden. Bei einem einzelnen Hund kann der Halter notfalls die Bremse betätigen und den Hund stoppen. Ab drei Hunden kann dies jedenfalls eher schwierig sein. Auch Richtungswechsel sollten gelernt sein, da der Abstand zwischen Hund und Halter beim Dogscooting gut zwei Meter misst. Während beim Spazieren ein leichtes Ziehen der Leine meist als Zeichen ausreicht, muss es beim Dogscooting auch aus der Distanz funktionieren. Deshalb ist es essentiell, die notwendigen Kommandos vor dem Ausflug zu üben. Am besten, indem man sie einfach in den Alltag mit Hund integriert. Auch beim Gassi gehen, Joggen oder Fahrradfahren kann fleißig geübt werden. Dabei gilt: je häufiger, desto besser. Und desto unterhaltsamer wird das Dogscooting im Endeffekt auch. Welche Kommandos genutzt werden, ist im Grunde egal. Die Hauptsache ist, dass sie kurz sind und vom Hund sicher beherrscht werden.

Doch abgesehen vom Können des Hundes ist auch seine Größe und körperliche Fitness ein ausschlaggebender Faktor. Kleine Rassen wie Chihuahuas und Malteser eignen sich eher weniger dafür, die treibende Kraft beim Fahren mit einem Tretroller zuzüglich einer erwachsenen Person zu sein. Mittelgroße Rassen hingegen können schon Gefallen am Dogscooting finden. Auch sollte der Hund unbedingt ausgewachsen sein und sich idealerweise nicht mehr in der „Flegelphase“ befinden, weshalb ein Mindestalter von 1,5 Jahren angeraten ist. Ebenso kann Dogscooting unvorteilhaft für die Entwicklung des Junghundes sein, da das Knochengerüst und die Gelenke sich noch im Wachstum befinden. Besonders geeignet sind Hunderassen mit einem großen Bewegungsdrang, zum Beispiel klassische Zughunde wie Huskys, Alaskan Malamute oder Samojeden. Sicherheitshalber sollte vorher ein Besuch beim Tierarzt auf dem Plan stehen. Auf diese Weise kann sich der Halter absichern, ob der Hund tatsächlich leistungsfähig und belastbar genug ist, damit das gemeinsame Scooting auch Spaß macht und keine folgenreichen Verletzungen oder Überlastung mit sich führt. Lediglich für Begleithunde könnte das Dogscooting weniger sinnvoll sein, da das Training zusätzlichen Stress für den Hund bedeuten könnte. Beim Dogscooting ist jedoch selbstverständlich nicht nur der passende Hund von Bedeutung, sondern auch die richtige Ausrüstung. Um einen Dogscooter zu ziehen, benötigt es nämlich sowohl ein spezielles Zuggeschirr als auch die richtige Leine. Wenn der Hund mit einem normalen Halsband an der Leine zieht, kann es zu schlimmen Verletzungen und einer Beeinträchtigung der Atmung kommen. Deshalb ist ein für das Dogscooting geeignetes Hundegeschirr, das auch den Brustbereich umspannt, ein Muss. Auch muss der Halter zwingend darauf achten, dass das Zuggeschirr vernünftig sitzt. Es darf weder zu eng noch zu weit sein und auch nicht scheuern. Bei der für das Dogscooting geeigneten Leine handelt es sich um eine sogenannte Jöring-Leine. Diese zeichnet sich vor allem dadurch aus, dass sie über einen Rückdämpfer verfügt, der ruckartige Bewegungen abfängt. Befestigt wird diese an einem Bikeschlupf. Hierbei handelt es sich um eine Vorrichtung, die am Scooter oder auch am Mountainbike montiert wird. In der Regel verfügt der Bikeschlupf auch über einen Paniksnap mit Reißleine, der betätigt werden kann, um den Hund in gefährlichen Lagen vom Scooter zu trennen.

Der Scooter selbst besticht hauptsächlich durch den tiefer liegenden Schwerpunkt, weshalb teilweise höhere Geschwindigkeiten möglich sind als zum Beispiel mit einem Mountainbike. Auch ist das Fahren mit dem Dogscooter ein Balanceakt, weshalb nicht nur der Hund in Form gebracht wird. Damit das Fahren komfortabel und auch sicher ist, lohnt es sich, beim Kauf auf eine Federgabel zu achten. Diese fängt Unebenheiten auf unterschiedlichem Gelände ab. Auch hydraulische Bremsen sind ein wichtiges Kaufkriterium, da Dogscooter eher selten auf perfekt asphaltierten Straßen genutzt werden, weshalb es von Vorteil sein kann, wenn im Notfall verlässlich angehalten werden kann. Optimal ist ein Scooter mit einer vergleichsweise runden Rahmenform. So kann das Risiko vermindert werden, dass sich das Gefährt auf nicht gepflasterten Wegen in Unebenheiten des Bodens verhakt. Das Trittbrett des Rollers sollte bestenfalls gummiert sein, damit der Halter einen sicheren Stand hat. Einige Hersteller arbeiten auch mit einer Perforierung des Trittbretts, die ebenfalls zu einer guten Haftung beiträgt. Ist erst einmal der perfekte Tretroller gefunden, kann mit der Ausbildung begonnen werden. Die gängige Methode wird auch als „Hasen-Methode“ bezeichnet und eignet sich vor allem für Tiere, die kein Problem damit haben, weiterzulaufen, sobald sie einen Widerstand hinter sich verspüren. Der Name rührt daher, dass eine weitere Person eingespannt wird, die auf dem Fahrrad vorfährt und den Hund lockt. Aufgabe des Scooterfahrers ist es, den Hund bei jedem Fortschritt verbal zu loben. Das Wichtigste ist wie immer die Geduld. Allerdings gibt es auch Hunde, die sobald sie bemerken, dass sie beim Loslaufen Gewicht mitziehen, stehen bleiben oder sich hinsetzen. Hier muss auf alternative Methoden zurückgegriffen werden. Am besten ist es, den Hund an das Ziehen zu gewöhnen, indem man trotz Gewicht ein Laufkommando gibt. Nach jeder noch so kleinen absolvierten Distanz erfolgt Lob. Mit der Zeit wird der Hund sich daran gewöhnen, sodass den gemeinsamen Ausflügen und Abenteuern nichts mehr im Wege steht. Grundsätzlich kann das Ziehen von Schlitten oder Scootern jedem Hund beigebracht werden, es dauert bei manchen nur länger. Es kann also passieren, dass der Halter seinem Hund sehr viel Geduld entgegenbringen muss.

Eine Ausbildung zum Dogscooting an Hundeschulen ist eher selten, dennoch gibt es einige Schulen, die Kurse zu diesem Thema anbieten.

Geeignet für Therapie- und Assistenzhunde?

Solange es sich um einen sehr lauffreudigen Hund handelt, kann Dogscooting einen psychisch und physisch auslastenden Ausgleich zum Arbeitsalltag darstellen. Allerdings eignet sich der Sport nicht uneingeschränkt für alle Assistenzhunde. Diabetes-, Asthma-, Schlaganfall-, oder Epilepsie-Warnhunde sollten kein Dogscooting betreiben, da sie währenddessen keine Möglichkeit haben, zu warnen.

SCHNÜFFELTRAINING ODER MANTRAILING

Hunde sind berühmt für ihr unübertreffliches Riechorgan. Nicht nur „Profis" wie Drogenspürhunde oder Jagdhunde verfügen über einen beeindruckenden Geruchssinn: Alle Hunde sind mit circa 100 cm^3 Geruchsschleimhaut gesegnet, welche die der Menschen, die nur ungefähr 5 cm^3 beträgt, lächerlich und unausgebildet wirken lässt. Hinzu kommt auch, dass Hunde nicht nur großartig Schnüffeln können, sie tun es auch außerordentlich gerne. Ein Spaziergang ist für den Vierbeiner erst dann ein Erlebnis, wenn er mithilfe seiner Nase zahlreiche neue Eindrücke sammeln konnte. Aus diesem Grund ist es naheliegend, dass eine Freizeitbeschäftigung, welche die Nase des Hundes involviert, eine sehr gute Idee sein kann. Schnüffeltraining ist der Sammelbegriff für viele unterschiedliche Freizeitbeschäftigungen, welche die Nasenarbeit des Hundes erfordern. Vom Suchspiel mit Leckerlis zu „Mantrailing" oder Seminaren an einer Hundeschule: Der Geruchssinn des Hundes kann auf zahlreiche Arten gefördert werden. Schnüffeltraining jeglicher Art ist besonders für arbeitende Hunde geeignet, da es den Hund „Hund sein lässt", indem er seinen natürlichen Bedürfnissen nachgeht. Dies kann eine großartige Auslastung zum stressigen Alltag sein, der insbesondere bei Assistenzhunden sehr viel

Konzentration und Wachsamkeit erfordert. Beim Schnüffeln kann der Hund etwas entspannen und mehr oder minder seine Nase die Arbeit verrichten lassen. Schnüffelspiele können von jedem Hundehalter problemlos zu Hause erprobt wie auch von jedem Hund absolviert werden. Selbstverständlich eignen sich einige Rassen besonders gut, doch lässt sich nahezu jeder Hund als leidenschaftlicher Schnüffler bezeichnen. Für Suchspiele im eigenen Wohnzimmer braucht es auch nicht besonders viel Equipment. Das liebste Spielzeug des Vierbeiners oder ein favorisiertes Leckerchen ist alles, was an Material gebraucht wird. Auch benötigt der Hund keine besondere Ausbildung. Lediglich das Kommando „Sitz“ oder „Bleib“ kann sich als sinnvoll erweisen, damit der Halter genügend Zeit hat, die zu erschnüffelnde Beute zu verstecken.

Im ersten Durchlauf sollte der Halter den Fund deutlich vor den Augen des Hundes platzieren, zu Beginn noch so, dass der Hund es sehen kann. Dabei gilt: Je mehr der Hund daran interessiert ist, desto besser. Anschließend kann ein Kommando zum Loslaufen gegeben werden, oder die Aufforderung zum Suchen. Sobald der Hund das versteckte Objekt erschnüffelt hat, muss er ausgiebig gelobt werden. Auf diese Weise verknüpft er seine eigentlich natürliche Reaktion mit dem Kommando seines Halters. Dieser Ablauf kann noch einige Male versucht werden, indem das zu findende Objekt immer weiter gelegt wird. Auf diese Weise hat der Hund die Möglichkeit, sich mit der neuen Aufgabe vertraut zu machen. Sobald der Hundebesitzer das Gefühl hat, dass das Finden in Sichtweite reibungslos vonstattengeht, kann er anfangen, etwas schwieriger zugängliche Positionen zu wählen. Der nächste Schritt sollte also daraus bestehen, dass der Halter das Fundstück hinter einem Hindernis versteckt, es aber dennoch vergleichsweise einfach auffindbar ist. Auf dem Boden stehende Blumentöpfe zum Beispiel eignen sich ideal als anfänglicher „Sichtschutz“. Ist auch diese Aufgabe erfolgreich gemeistert, können komplexere Verstecke genutzt werden. Wichtig ist, dass der Start jedes Mal von einem Kommando initiiert wird und es beim Finden Lob für den Vierbeiner regnet. Eine Idee für ein fortgeschrittenes Versteck könnte ein Teppich sein, der über das Objekt gelegt wird. Auch schwerer zugängliche Orte wie beispielsweise hinter einer Kommode sind schlussendlich denkbar.

Das Suchspiel kann auch auf andere Räumlichkeiten ausgeweitet werden, die genaue Reihenfolge ist jedoch dem Halter überlassen. Nach der ersten erfolgreichen Runde kann das Objekt, das gefunden werden soll, in einem anderen Raum platziert werden. Jedoch sollte es dort zunächst gut auffindbar sein. Anschließend geht es wieder von vorne los. Nach einem ziemlich einfachen Beginn folgen komplexere Verstecke, bis schließlich ein weiterer Raum mit einbezogen wird. Besonders knifflig gestaltet sich das Spiel, wenn auch ein Garten zur Verfügung steht, da der Hund draußen meist noch von anderen Gerüchen abgelenkt werden kann. Die Aufgabe jedoch besteht darin, das gewünschte Objekt auf Kommando zu finden. Suchspiele wie diese funktionieren am besten mit einem besonders gut angenommenen Trockenfutter und können nicht nur spaßig, sondern auch hilfreich sein. Hunde, die Probleme damit haben, wenn Herrchen oder Frauchen das Haus verlässt, können auf diese Weise durch einen positiven Stimulus abgelenkt werden, wenn vor dem Hinausgehen Futter in der Wohnung verteilt wird. Ein weiterer Pluspunkt intensiver Nasenarbeit ist, dass der Hund sogar stärker ausgelastet wird als beim Gassi gehen. Der Grund dafür ist die Befriedigung instinktiver Gelüste, die beim Spazieren gehen mit dem Halter leider häufig zu kurz kommen. Zehn Minuten ausgiebiges Schnüffeltraining sind ungefähr mit einem zweistündigen Spaziergang vergleichbar.

Eine etwas „professionellere" Form des Schnüffeltrainings ist das sogenannte „Mantrailing", welches auch ein wichtiger Bestandteil der Ausbildung zum Polizeihund darstellt. Dieses lässt sich oft in Seminaren an diversen Hundeschulen erlernen, die für gewöhnlich sehr beliebt sind. Mantrailing an einer Hundeschule läuft in der Regel wie folgt ab: Der Hund bekommt eine Duftprobe eines bestimmten Menschen und soll diesen anhand seines Geruchs wiederfinden. Besonders schwierig daran ist, dass das Training im Freien stattfindet, sodass der Hund die Gerüche verschiedener Menschen auseinanderhalten muss. Für ein Seminar im Mantrailing ist meist ein Geschirr sowie eine Schleppleine von Nöten, da hierüpß4 ausnahmsweise nicht der Halter führt, sondern der Hund. Dies ist gleichzeitig der Grund, weshalb auch dem Menschen einiges an Fitness abverlangt wird. Hat ein Hund erst einmal eine Fährte aufgenommen, kann es vorkommen, dass er dieser sehr zielstrebig und vor allen Dingen schnellen Schrittes folgt. Für Menschen, die gern gemeinsam mit ihrem Hund sportlich aktiv sind, eignet sich diese Art der Hundebeschäftigung also optimal. Wer jedoch aufgrund einer Gehbehinderung oder anderen vergleichbaren Beeinträchtigungen auf einen Assistenzhund angewiesen ist, sollte sich vielleicht lieber für andere Arten des Schnüffeltrainings entscheiden.

Ebenfalls nützlich am Schnüffeltraining ist die Tatsache, dass der Geruchssinn des Hundes (der ohnehin schon um Einiges besser ist als der des Menschen) zusätzlich geschult wird. Dies ist auch ein Grund, weshalb Schnüffeltraining für Assistenzhunde eine gute Idee ist, da der Hund auf bestimmte Dinge konditioniert werden kann, die im Notfall nützlich sein werden (zum Beispiel das Finden bestimmter Arzneimittel etc.).

Geeignet für Therapie- und Assistenzhunde?

Therapiehunde können Mantrailing ausüben, wenn das Einsatzgebiet des Hundes in der tiergestützten Therapie nicht erfordert sich nicht von Gerüchen ablenken oder verleiten zu lassen. Jedoch eignet sich professionelles Mantrailing in der Regel nicht für Assistenzhunde, da hier keine uneingeschränkte Zusammenarbeit geübt wird und Hunde in der Assistenzhundeausbildung lernen, sich vor allem im Freien nicht auf Gerüche, sondern auf ihren Halter zu konzentrieren. Zudem müssen Assistenzhunde Gerüche im Dienst ignorieren. Allerdings lässt sich der Begriff „Schnüffeltraining“ ausweiten und, wie bereits beschrieben, zu Hause zum Vorteil nutzen.

ZIELOBJEKTSUCHE

Ähnlich dem Schnüffeltraining, beziehungsweise gar eine andere Form davon, ist die Zielobjektsuche. Der maßgebliche Unterschied zwischen verschiedenen Schnüffelspielen und einer Zielobjektsuche (im Sinne einer Freizeitbeschäftigung oft auch „Schatzsuche mit Hund" genannt) ist, dass dem Hund am Ende der Suche nicht erlaubt ist, das gefundene Objekt aufzunehmen. Stattdessen soll er seinem Halter den Weg weisen und ruhig bei der Beute verweilen. Die Zielobjektsuche erfordert also ein etwas höheres Maß an Selbstkontrolle und Gehorsam. Der Reiz an der Zielobjektsuche ist, dass die zu findenden Objekte in der Regel sehr klein, und somit ziemlich schwierig zu finden sind. So ist eine Suche nach einem Kugelschreiber oder einer Brosche denkbar. Die Herausforderung ist das Terrain: Vier verschiedene Arten der Suchlagen können im Training genutzt werden. Eine davon ist das freie Gelände. Die besondere Schwierigkeit hierbei ist, dass die Duftmoleküle des zu findenden Objekts von anderen Gerüchen überlagert werden und der Hund die Aufgabe hat, es dennoch ausfindig zu machen, ohne sich von anderen Spuren ablenken zu lassen. Auch Wind kann ein weiteres Hindernis in der Freilandsuche darstellen, da er weitere Gerüche trägt, die den Hund beeinflussen können. In Hundeschulen wird dem Halter beigebracht, wie er seinen Hund darauf ausrichten kann, sich nur auf das gewünschte Objekt zu konzentrieren. Die Zielobjektsuche ist also in erster Linie eine mentale Herausforderung für den Vierbeiner. Neben dem freien

Gelände kann der Hund auch vor die Aufgabe gestellt sein, das Objekt in einem Trümmerfeld zu suchen. Hierbei handelt es sich beim Training (normalerweise) nicht um ein richtiges Trümmerfeld, sondern um ein abgegrenztes Gelände, auf dem sehr viele verschiedene Gegenstände liegen, unter denen sich das Ziel befindet. Das bedeutet, dass der Hund eventuell auch graben muss. Eine weitere Möglichkeit ist die sogenannte Päckchenstraße. Das Objekt, das gefunden werden soll, wird in einem Paket verstaut. Damit der Hund es gut erschnüffeln kann, ist die Oberfläche perforiert. Allerdings werden noch weitere Pakete in einer Reihe aufgestellt, sodass es nun daran liegt, das richtige zu erschnüffeln. Diese Übung lässt sich auch zu Hause hervorragend ausprobieren, in dem man zum Beispiel ein Spielzeug oder einen anderen Gegenstand in einem Behälter verstaut und weitere leere Behälter drum herum aufstellt. Zuletzt machen Hunde und Halter bei der Zielobjektsuche oft auch mit der Suchwand Bekanntschaft, in der sich eine Vielzahl an Löchern befindet, von denen eines das gesuchte Objekt versteckt hält.

Da diese Hundesportart vor allen Dingen mit den naturgegebenen Fähigkeiten des Hundes arbeitet, handelt es sich um eine besonders artgerechte Freizeitbeschäftigung, die von jedem Hund ausgeführt werden kann. Ebenso wie beim Schnüffeltraining kann eine derart präzise Suchfähigkeit besonders bei Assistenzhunden von Nutzen sein. Damit die Zielobjektsuche erfolgreich wird, benötigt der Hund jedoch auch eine angemessene Ausbildung. Wenn zum Spaß trainiert wird, sind Fehler selbstverständlich erlaubt. Allerdings kann bei einer falschen Ausführung passieren, dass der Hund mit der Zeit den Spaß an der Suche verliert oder nicht versteht, was er falsch gemacht hat. Gründe dafür können zum Beispiel sein, dass der Halter verpasst, den Hund rechtzeitig zu bestätigen oder ihm erlaubt, den Gegenstand aufzunehmen. Wer die Zielobjektsuche nur zu Hause ausprobiert, damit sich der eigene Vierbeiner nicht langweilt und nicht bestimmte Absichten verfolgt, muss an dieser Stelle nicht allzu streng sein. Falls jedoch der Wunsch besteht, dass der Hund tatsächlich in der Lage ist, auf Kommando einen bestimmten Gegenstand wiederzufinden, und seinem Halter dessen Position mitzuteilen, muss auf eine korrekte Durchführung geachtet werden. Deshalb sind Seminare an Hundeschulen oftmals weniger an den Hund, als an seinen Besitzer gerichtet. Hier lernt der Halter, wann das richtige Timing für die Bestätigung sein sollte und wie der Hund davon abgehalten werden kann, das gefundene Objekt direkt aufzunehmen, statt einen passiven Verweis abzugeben. Die Schaffer dieses anspruchsvollen Schnüffeltrainings sind übrigens Ina und Thomas Baumann. Durch ihre langjährige Erfahrung mit Spürhunden entwickelten die beiden Verhaltenstrainer einen Hundesport, der von der Spürhund-Ausbildung inspiriert ist. Doch wie lernt der Hund, sich dem gefundenen Gegenstand nicht direkt anzunehmen, sondern ruhig davor zu verweilen, bis das Herrchen oder Frauchen hinzukommt? Dieses Geschick kann dem Halter eventuell etwas Geduld abverlangen.

Das Material, das beim Erlernen der Zielobjektsuche notwendig ist, sind der Gegenstand, der gefunden werden soll, Leckerchen oder andere positive Stimuli, sowie ein Clicker. Zunächst konfrontiert der Halter seinen Hund mit dem Clicker und dem späteren Suchobjekt. In der Hand, in der sich auch der Clicker befindet, hält er auch ein Leckerchen. In der anderen verweilt der Gegenstand, der später zu finden sein wird. Die beiden Hände bleiben so lange oben, bis der Halter das Kommando „Such!" gibt und den Gegenstand nennt. Daraufhin werden die Hände gesenkt und der Hund hat die Möglichkeit, an ihnen zu riechen. Sobald dies bei der Hand mit dem Clicker erfolgt, passiert nichts. Erst, wenn an der Hand mit dem Suchgegenstand gerochen wird, bekommt der Hund Bestätigung durch den Clicker und ein Leckerchen. So wird dem Hund verständlich gemacht, dass er erst an das Futter kommt, wenn er besagten Gegenstand „erschnüffelt" hat. Wenn dieser Ablauf funktioniert, kann er noch ein paar Mal geübt werden. Anschließend kommt die schwierigere Aufgabe: Dem Hund zu verstehen zu geben, das Objekt nicht anzurühren. Dafür wird dieses auf dem Boden platziert und erneut das Kommando mitgeteilt, es zu suchen. Wenn der Hund sich dem Objekt nähert, gibt der Halter das Kommando „Platz" oder „Sitz" und belohnt den Hund sofort mit einem Leckerchen. Dies wird mehrfach wiederholt, bis der Hund begreift, dass der Clicker und das Leckerchen erst kommen, wenn er vor dem gefundenen Objekt verweilt. Diese Übung kann erweitert werden, indem das Objekt von einer weiteren Person versteckt wird. Nicht nur aus diesem Grund kann es sinnvoll sein, die Zielobjektsuche an einer Hundeschule zu erlernen. Auch handelt es sich bei dieser Hundesportart um eine Konditionierung, die sehr präzise erfolgen muss, damit sie zum gewünschten Ergebnis führt. Darüber hinaus kann sich ein Mensch nicht vorstellen, wie sehr die Suche den Hund mental verausgaben kann, weshalb es eventuell schwierig sein könnte, zu wissen, wann genug ist. Die Schatzsuche mit Hund verlangt dem Hund sehr viel Konzentration ab. Deshalb sind kurze Trainingseinheiten sowie Entspannungsübungen im Anschluss die beste Methode.

Geeignet für Therapie- und Assistenzhunde?

Zielobjektsuche kann eine abwechslungsreiche und interessante Freizeitmöglichkeit für Therapie- und Assistenzhunde darstellen, da die Unterscheidung von Gerüchen oftmals auch Teil der Ausbildung ist. Allerdings ist sie nicht uneingeschränkt für alle geeignet. Blindenführhunde sollten nicht dazu ermuntert werden, sich auf bestimmte Gerüche zu konzentrieren. Auch LPF-Assistenzhunde sollten keineswegs an der Zielobjektsuche teilnehmen, da sie Gegenstände aufheben sollen, was bei der Zielobjektsuche verboten ist. Signal-, PTBS-Assistenz-, Autismus- und Warnhunde können an der Zielobjektsuche teilnehmen. Dabei sollte aber darauf geachtet werden, dass der Hund nicht zu abgelenkt ist, um falls nötig warnen oder anzeigen zu können oder dem Partner zu helfen.

DUMMYTRAINING

Das Dummytraining ist ursprünglich als Ausbildung für Jagdhunde in Großbritannien entstanden, die aus der Luft geschossene Beute apportieren müssen. Da das „wiederfinden" auf Englisch „to retrieve" heißt, nennt man diese Hunde Retriever. Mit der Zeit wurde auch begonnen, Hunde speziell für diese Tätigkeit zu züchten. Einige beliebte Hunderassen, die aus dieser Zucht entstanden, sind zum Beispiel der Golden Retriever, der Labrador Retriever oder der Nova Scotia Duck Tolling Retriever. Da allerdings jede Hunderasse über einen angeborenen Jagdtrieb verfügt, ist es nur wenig überraschend, dass Dummytraining mittlerweile auch bei Hunden und ihren Haltern angekommen ist, die nicht auf die Jagd gehen.

Das Dummytraining ist zwar weiterhin an die Jagdausbildung angelehnt, hat aber für viele Anhänger einen rein sportlichen Charakter. Und erfreut sich einer ausgesprochenen Beliebtheit. Der Grund dafür ist, dass es sich hierbei um eine artgerechte Sportart handelt. Das bedeutet, dass die Tätigkeit, die der Hund während des Dummytrainings ausübt, gewissermaßen in seinen Genen verankert ist. Apportieren ist nämlich nicht nur ein lustiges Kunststück. Das Tragen der Beute an einen ungestörten Ort ist bei Hunden noch aus den Zeiten vor der Domestizierung verankert. ‚Stöckchen holen' ist also quasi eine Kombination aus diesem angeborenen Trieb und der Freude daran, Bestätigung vom Herrchen oder Frauchen zu bekommen. Dieses Verhalten macht sich das Dummytraining zu Nutze. Anstelle der toten Beute apportiert der Hund eine mit Sägemehl oder Granulat gefüllte Attrappe. Diese wiegt standardmäßig ein halbes Kilogramm und imitiert so das tote Wildtier, das gefunden und zum Halter gebracht werden muss. Um das Interesse des Hundes zu steigern, bieten einige Hersteller auch mit Futter befüllbare Dummys an. Solche eignen sich besonders für Anfänger oder Hunde, deren Apportiertrieb nicht besonders stark ausgereift ist. Dummytraining klingt im ersten Moment zwar wie einfaches Stöckchenwerfen, das man ohnehin immer mal wieder beim Spazieren gehen spielt, ist jedoch in Wahrheit ein sehr abwechslungsreiches und anspruchsvolles Training.

Wer besonders ehrgeizig ist, kann gemeinsam mit seinem Hund sogar an einer Dummyprüfung teilnehmen. Das Fundament für Dummytraining ist tadelloser Grundgehorsam. Besonders wichtig ist das „bei Fuß laufen" mit und ohne Leine, die Abrufbarkeit des Hundes sowie die in Fachkreisen „Steadiness" genannte Fähigkeit, ohne sich ablenken zu lassen, über längere Zeit still zu sitzen oder zu stehen. Dies sollte idealerweise auch ohne Sichtkontakt funktionieren.

Auch das Apportieren sollte der Hund lernen. Obwohl die meisten Hunde mit großer Freude hinter geworfenen Gegenständen herlaufen, geben sie diese nicht immer zurück. Für das Dummytraining ist das Wiederbringen des Objekts aber essentiell. Der erste Schritt besteht meistens aus dem Fallenlassen des Dummys durch eine weitere Person. Der Hund darf diese Person sehen, jedoch nicht, wohin der Dummy fällt. Sein Halter gibt daraufhin das Kommando „Such!" und stellt somit die Aufgabe an den Hund, den Dummy zu finden und zu ihm zurückzubringen. In der Regel wird dafür ein vorher abgegrenzter Bereich gewählt. Schwieriger wird es, wenn der Dummy tatsächlich geworfen wird. Die Flugbahn aus der Distanz erkennen und den Dummy anschließend wiederzufinden wird „Markieren" oder „Markierapport" genannt. Hilfreich ist es, wenn der Helfer, während er wirft, ein lautes Geräusch macht, um die Aufmerksamkeit des Hundes auf den Dummy zu lenken. Diese Aufgabe ist für Hunde eine besondere Herausforderung, da sie in erster Linie auf ihre Augen angewiesen sind. An dieser Stelle lassen sich zusätzlich weitere Variationen des Trainings finden, die für Abwechslung sorgen und den Hund fordern. So kann zum Beispiel Gelände gewählt werden, das dichter bewachsen ist oder den Hund beispielsweise durch einen Bachlauf vom Dummy trennt. Auch ist es dem Halter möglich, zwischen dem Fallen des Dummys und dem Kommando „Such!" länger zu warten, was die Anforderungen an das Gedächtnis des Hundes erhöht.

Eine Besonderheit im Dummy-Training ist auch das Kommando „Voraus", das im Alltag eher selten genutzt wird. Sobald der Hund jenes von seinem Halter wahrnimmt (kombiniert mit einem Handzeichen in die gewünschte Richtung), soll er eigenständig nach vorn laufen und erst anhalten, wenn er den Dummy gefunden oder den Stopp-Pfiff erhört hat. Um dieses Kommando zu erlernen, benötigt der Hund aber eine Motivation in Form des Dummys. Deshalb sollte dieser zu Beginn so ausgelegt werden, dass er für den Hund sichtbar ist. Sobald der Halter also das Kommando „Voraus" nennt, darf der Hund loslaufen und ihn holen. Nach mehrfacher Wiederholung wird der Hund das Kommando mit der Suche nach dem Dummy verknüpft haben.

Die Vorteile des Dummytrainings sind vielfältig. Ein entscheidender Faktor ist, dass es beim Dummytraining nicht nur auf die besser ausgeprägten Sinne des Hundes ankommt, wie den Geruchs- und den Hörsinn. Bei der Dummyausbildung sind alle Sinne des Vierbeiners gefragt, was eine optimale Auslastung für anspruchsvolle Hunde darstellt. Besonders die vergleichsweise schlechten Augen des Hundes werden beim Training mit einem Dummy geschult.

Ebenso stellt das Dummytraining einen guten Baustein für die Vertrauensbindung zwischen Hund und Halter. In vielen Situationen muss der Hund vorlaufen und sich bedingungslos von den Anweisungen seines Herrchens oder Frauchens lenken lassen. Gleichzeitig verlässt sich dabei auch der Halter auf seinen vierbeinigen Begleiter. Ein weiterer Pluspunkt ist die körperliche Betätigung in der freien Natur, die beiden Parteien zu Gute kommt.

Das Dummytraining ist grundsätzlich eine gute Beschäftigung für alle Hunderassen. Jagdhunde und speziell Tiere aus der Familie der Retriever eignen sich jedoch besonders gut. Der einzige Grund, weshalb diese Art von

Hundesport gegebenenfalls nicht die richtige für den eigenen Hund sein könnte, ist, wenn der Vierbeiner nicht besonders apportierfreudig ist. Auch sehr junge Hunde könnten für das Dummytraining nicht unbedingt die beste Wahl darstellen, da diese Freizeitmöglichkeit in erster Linie von einwandfreier Kommunikation zwischen Hund und Halter lebt. Das bedeutet aber selbstverständlich nicht, dass der Jungspund nicht noch ein Meister im Dummytraining werden kann. In einem solchen Fall muss der Halter entscheiden, ob der Gehorsam schon gut genug sitzt. Für Therapiehunde kann das Training mit dem Dummy nicht nur ein spaßiges Hobby werden: Der Fokus auf die „Fernsteuerung“ des Hundes sowie seine Aufmerksamkeit können ein großes Plus in der Therapiearbeit werden.

Geeignet für Therapie- und Assistenzhunde?

Aufgrund der intensiven Zusammenarbeit ist das Dummytraining für Therapiehunde und die meisten Assistenzhunde geeignet, da es an verschiedene Bedürfnisse anpassbar ist. So sollten sehbehinderte Menschen beispielsweise eine weitere Person zum Verstecken oder Werfen hinzuziehen, wenn sie die Flugbahn des Dummys nicht sehen können. Für Rollstuhlfahrer gibt es Möglichkeiten, geeignetes Gelände zu wählen. Lediglich Signal- und Warnhunde sollten nur unter Vorsichtsmaßnahmen Dummytraining ausüben. Hier ist die Distanz zu groß und die Konzentration des Hundes zu sehr vom Halter abgelenkt, um ordnungsgemäß warnen und anzeigen zu können. Für Signalhunde sollte die Voraussetzung sein, dass das Gelände ohne Gefahren ist, so dass sie keine Geräusche anzeigen müssen. Bei Warnhunden sollte der Hund nur für kurze Zeiten auf Distanz geschickt werden, um beim Bringen des Dummy falls nötig helfen zu können.

HOOPERS

Obwohl Hoopers (auch Hoopers-Agility) genannt in Deutschland noch als ein sehr junger Hundesport gilt, begeistert das „Agility ohne Springen“ seine Anhänger in Amerika schon seit gut 20 Jahren. Der Name ist von den Rundbögen (auf Englisch „Hoops“) abgeleitet, durch die der Hund auf Anweisung seines Halters laufen muss. Im Gegensatz zum turbulenten Agility, das auch durch sein straffes Regelwerk bekannt ist, kommt es bei Hoopers-Agility nicht auf die Zeit an, in der der Parcours gelaufen wird. Zielgruppe dieses Hundesports sind vor allem Senioren, sowohl tierische als auch menschliche. Aus diesem Grund sieht ein Hoopers-Parcours etwas weniger furchteinflößend aus als die Hindernisse beim Agility. Hürden, die übersprungen werden müssen, sucht das Team vergebens. Schnelligkeit und eine hervorragende Kommunikation zwischen Hund und Halter sind aber dennoch gefragt. Auch sind viele Elemente, die auch beim Agility genutzt werden, gleich. Tunnel, die A-Wand, der Laufsteg sowie Slalom ist auch beim Hoopers-Agility vorhanden und begeistert insbesondere „Agility-Senioren“. Jedoch sind auch ältere Einsteiger stets willkommen. Da es sich beim Hoopers-Agility um eine sehr gelenkschonende Hundesportart handelt, können auch junge Hunde im Normalfall problemlos teilnehmen und auf diese Weise schon früher verschiedene Hürden kennen lernen, die auch im normalen Agility-Training auftauchen.

Wie bereits erwähnt ist Hoopers eine besonders sinnvolle

Freizeitbeschäftigung für Hunde, die in jungen Jahren begeisterte Agility-Helden waren, aber aus gesundheitlichen Gründen auf die vielen Sprünge und den Zeitdruck verzichten sollten. Halter berichten häufig, dass ihre Hunde beim Hoopers-Agility regelrecht aufleben. Kein Wunder: Wie auch bei Profisportlern kann Agility bei in diesem Sport sehr aktiven Hunden über die Jahre weitaus mehr als nur ein liebes Hobby werden. Der Verlust einer solchen Beschäftigung kann sie auch in ihrer Lebensqualität einschränken. Zusätzlich sorgt diese schonendere Variante dafür, dass der Bewegungsapparat des Tieres geschmeidig bleibt. Auch jüngere Hunde, die bestimmte gesundheitliche Probleme haben oder aufgrund anderer Eigenschaften nicht für das konventionelle Agility-Training geeignet sind, können beim Hoopers ihre Nische finden. So auch übergewichtige Tiere, die zwar etwas an Gewicht verlieren müssen, aber aufgrund ihrer schlechten Kondition nicht überlastet werden sollten. Da Tiere mit einer Widerristhöhe von über 65 Zentimetern eher selten Erfolge beim Agility erzielen, passen auch sie besser in den Kreis der Hoopers-Fans.

Der Ablauf und Grundsatz des Hoopers-Trainings ist dem des Agility-Trainings sehr ähnlich. Der Hund soll vom Halter aus der Distanz durch einen Parcours geführt werden. Die einzige Voraussetzung ist ein sicherer Grundgehorsam, der es dem Halter ermöglicht, den Hund nur mithilfe seiner Stimme und Handzeichen zu leiten.

Geeignet für Therapie- und Assistenzhunde?

Wie auch Agility eignet sich Hoopers sehr gut für Therapie- und Asisstenzhunde. Rollstuhlfahrer müssen jedoch darauf achten, dass der Platz rollstuhlgerecht ist. Blindenführhunde können allerdings eher weniger teilnehmen, da die Hindernisse eine Gefahr für den sehbehinderten Partner darstellen können.

JOGGEN

Viele Hundesportarten sehen starke körperliche Aktivität des Hundehalters eigentlich gar nicht vor. Allerdings müssen es nicht speziell für Hunde entwickelte Sportarten sein, die den Alltag von Herrchen oder Frauchen und ihrem Begleiter etwas bunter gestalten können. Natürlich kann der Vierbeiner auch eine großartige Zeit beim gemeinsamen Joggen haben. Und ganz nebenbei stellt er gleichzeitig den besten Fitnesspartner, den sich jeder geneigte Sportler nur erträumen könnte.

Hunde sehen Jogging nicht als lästige Pflicht, sondern als wertvolle Zeit mit ihrem besten Freund. Damit jedoch beide Parteien gleichermaßen Spaß am Ausflug haben, sollten einige Voraussetzungen erfüllt sein. Wie auch beim Menschen sollte auch die Hundemahlzeit vor dem Joggen einige Zeit zurückliegen. Optimal sind ungefähr zwei Stunden. Nach dieser Zeit hat der Hund zwar immer noch Energie, aber keinen allzu vollen Magen. Besonders gefährlich kann dies nämlich bei großen Rassen sein, da hier eine Magendrehung die Folge sein könnte. Bevor es richtig losgeht, sollte der Hund genügend Zeit bekommen, um noch einmal in Ruhe sein Geschäft zu machen. Ansonsten wird der Ausflug jäh unterbrochen sein. Sind die wichtigsten Dinge erst einmal erledigt, kann der Mensch beginnen, langsam zu joggen. Sobald das Tempo sich ändert, neigen viele Hunde dazu, ihre Geschwindigkeit anzugleichen. Tiere dieser Art haben das Joggen im Grunde schon bewältigt. Doch nicht bei allen klappt das gemeinsame Laufen gehen so leicht. Das

Wichtigste für alle, die mit ihrem Hund joggen gehen wollen, ist nicht stehen zu bleiben, sobald der Hund dies tut. Für einen Vierbeiner bietet die weite Welt draußen unzählige Ablenkungen. Im Straßenverkehr oder bei Hunden, die noch nicht perfekt bei Fuß laufen können, kann (und sollte) aus diesem Grund eine Leine zum Einsatz kommen. 1,5 bis 2 Meter sind hierfür eine gute Richtlinie. Meistens reicht es auch schon, den Hund bei einer Ablenkung mittels eines verbalen Zeichens zurückzurufen, damit er brav neben seinem Herrchen oder Frauchen hertrabt. Auch möglich ist es, das Joggen erst einmal mit ihm zu üben. Kurze Laufeinheiten, die immer länger werden und mit einer Belohnung enden, können eine gute Motivation darstellen. Auf diese Weise lernt der Hund, dass es für das Mitjoggen auch einen Preis am Ende gibt.

Jedoch sollten Leckerchen nur nach Abschluss eingesetzt werden oder wenn der Halter es für notwendig erhält, da es sich mit vollem Magen auch nicht besonders gut läuft. Unterbrechungen sind auch maßgeblich dafür, den Hund nicht zu überlasten. Und ungeübte Jogger können die „Erziehungspausen“ nutzen, um etwas Luft zu schnappen.

Wer zusammen mit seinem Hund joggen gehen möchte, sollte auf jeden Fall auch auf die Bedürfnisse des Tieres achten. Ansonsten steht das Vorhaben schon von Anfang an unter einem schlechten Stern.

Besonders wichtig und vor allen Dingen besonders auffällig beim Joggen ist der Spieltrieb des Hundes. Diesen zeigen einige Hunde stärker als andere, dennoch sollte dieser Trieb respektiert werden. Wenn dem Hund während des Ausflugs nicht auch etwas Zeit vergönnt ist, herumzuschnüffeln, und gegebenenfalls auch mit Artgenossen zu spielen, wird er sich diese höchstwahrscheinlich selbst nehmen, was für den Läufer ziemlich anstrengend werden kann. Dies geht nämlich mit Unlust zum Joggen einher und möglicherweise sogar erzwungenen Pausen, in denen der Hund kaum oder gar nicht auf Rückrufe reagiert. Besser ist es, wenn der Läufer einige Unterbrechungen vorsieht, in denen der Hund seinen Vorlieben nachgehen kann. Wenn ohne Leine trainiert wird (was im Grunde auch das Ziel ist), wird der Hund, nachdem er fertig ist, ohnehin wieder zu seinem Halter laufen und mit ihm traben. Wichtig ist nur, dass diese Pausen auf sicherem Gelände stattfinden und der Hund sich auch gut zurückrufen lässt.

Ebenfalls ist das richtige Tempo ausschlaggebend dafür, dass Hund und Halter das Joggen als angenehm empfinden. Zu bedenken ist jedoch, dass der Hund bei einem bequemen Trab meist schneller ist als sein Halter. Dies ist auch ein weiterer Grund, weshalb Joggen hauptsächlich ohne Leine vonstattengehen sollte. Joggen ist jedoch nicht nur spaßig, sondern nichtsdestotrotz eine körperliche Anstrengung. Deshalb muss der Halter auch prüfen, ob er seinem Hund nicht zu viel zumutet. Hunde, die gesundheitliche Probleme haben, sollten nicht als Jogging-Begleitung herhalten müssen. Große Rassen sind anfällig für Hüftdysplasie, die ein gemeinsames Laufen gehen unmöglich macht. Auch Probleme mit den Kniegelenken bedeutet eine rote Karte für das Jogging. Bei übergewichtigen Hunden sollte zumindest darauf geachtet werden, dass sie nicht überanstrengt werden. Bei Hitze muss hingegen gänzlich auf das Laufen mit dem Hund verzichtet werden. Auch bei Menschen ist es nicht angeraten, bei sehr hohen Außentemperaturen sportlich aktiv zu sein. Hunde tragen währenddessen auch noch ihr dickes Fell, was sie besonders anfällig für eine Überhitzung macht. Ansonsten kann allerdings jeder lauffreudige Hund eine großartige Begleitung für das Jogging sein. Auch machen Hunde eine ausgezeichnete Figur als Fitnessmotivation: Der Hund fordert seinen Auslauf ein, egal, ob das Herrchen Lust hat oder wie die Wetterbedingungen aussehen. Gleichzeitig fühlt sich das Joggen direkt weniger lästig an, wenn ein fröhlicher Vierbeiner neben einem hertrottet. Wer also etwas für seine Figur tun und gleichzeitig seinem Hund etwas Auslastung gönnen möchte, kann Jogging mit dem Hund für sich ausprobieren.

Besondere Ausrüstung ist für das Jogging mit Hund eigentlich nicht notwendig, kann es aber etwas erleichtern. Spezielle Joggingleinen lassen sich entweder um den Oberschenkel herum befestigen oder als Hüftgurt tragen. Auch ein Brustgeschirr für den Hund könnte eine sinnvolle Investition sein, damit der Hund beim Ziehen nicht so schnell außer Atem kommt und das Verletzungsrisiko vermindert wird.

Selbstredend eignet sich das Joggen eher weniger für Assistenzhunde einer gehbehinderten Person. Alle anderen hingegen können es problemlos für sich ausprobieren, da das Joggen nicht allzu stressig für den Hund ist und jederzeit in den Alltag integriert werden kann.

Geeignet für Therapie- und Assistenzhunde?

Bis auf Assistenzhunde einer gehbehinderten Person können theoretisch alle Therapie- und Assistenzhunde zum Jogging mitgenommen werden, solange der Halter auch in der Lage dazu ist. Lediglich bei Diabetikerwarnhunden sollte eine schnellere Unterzuckerung aufgrund der sportlichen Tätigkeit berücksichtigt werden. Auch kann es während des Joggings für den Hund schwieriger sein zu warnen, da es schwer ist zu warnen, wenn der Mensch ständig in Bewegung ist. In diesem Fall wird sich der Hund meist dadurch bemerkbar machen, indem er intuitiv plötzlich ständig Augenkontakt sucht und stehen bleibt. Dann sollte der Diabetiker unbedingt messen oder der Epileptiker sich unverzüglich hinsetzen. Für Signal-, Autismus- und PTBS-Assistenzhunde ist es noch schwieriger, falls sie währenddessen von sich aus handeln sollen, da diese häufig nicht den überstarken Drang haben handeln zu müssen, wie es Warnhunde haben. Deshalb sollte damit gerechnet werden, dass diese drei Assistenzhundearten während des Joggings nicht arbeiten.

DOG DIVING

Dog Diving ist eine ziemlich neue Trendsportart für mutige und wasserfreudige Vierbeiner. Hier kommt es auf einen Weitsprung von einem Turm aus ins Wasser an, weshalb ziemlich viel Überwindung von Nöten ist. Je weiter der Sprung, desto besser schneidet das Team ab.

Die Höhe des Sprungturms beträgt etwa 60 Zentimeter über der Wasseroberfläche. Der Hund wird zum Springen motiviert, indem der Halter ein Spielzeug ins Wasser wirft. Besonders kühne Vierbeiner springen diesem ohne zu Zögern hinterher, andere wiederum benötigen ein bisschen extra Ermutigung. Ein wenig Scheu am Anfang bedeutet in der Regel jedoch nicht, dass der Hund nicht noch viel Spaß am Dog Diving haben können wird. So ist es zum Beispiel möglich, dass der Halter selbst ins Becken geht und den Hund von dort aus motiviert, zu ihm herunterzuspringen. Das Beste an der ursprünglich aus den USA stammenden Sportart ist, dass absolut jeder Hund mitmachen kann. Auch die spezifische Fitness des Hundes ist zweitrangig, da kein besonderes Können vorausgesetzt wird. Bei wasserliebenden Rassen kann jedoch schnell passieren, dass sie kaum noch aufhören wollen, sich dem spritzigen Hundesport hinzugeben. Beim Dog Diving steht vor allem der Spaß im Vordergrund. Hinzu kommt, dass es eine überaus gute Übung darstellt, um die Vertrauensbindung zwischen Hund und Halter zu festigen. Damit unerfahrenen Hunden nichts passieren kann, stellen Dog Diving anbietende

Hundeschulen normalerweise Hundeschwimmwesten sowie eine hundeerfahrene Person, die sich im Becken befindet, und den Hund nach dem Sprung wieder sicher an das Beckenufer bringt. Aufgrund dessen, dass der Sport für alle Rassen und auch alle Level der körperlichen Fitness geeignet ist, spricht nichts dagegen, es gemeinsam mit dem vierbeinigen Liebling auszuprobieren. Einige Hundeschulen bieten auch kostenlose Schnupperstunden an.

Geeignet für Therapie- und Assistenzhunde?

Dog Diving ist nicht für alle Therapie- und Assistenzhunde gleichermaßen geeignet. Das erste Problem besteht bei vielen Hunden bereits in der Wasserscheu, weshalb Dog Diving einen Stressfaktor darstellen kann (aber nicht muss!). LPF-Assistenzhunde sowie Blindenführhunde können Gefallen an dem Trendsport finden. Signal- und Warnhunde sollten eher nicht in Betracht gezogen werden, da hier der Kontakt zum Halter unterbrochen wird und sie nicht gut warnen und anzeigen können. Das Gleiche gilt für Autismus- und PTBS-Assistenzhunde, da diese in einem Notfall nicht in der Nähe sind um ggf. zu trösten oder zu schützen.

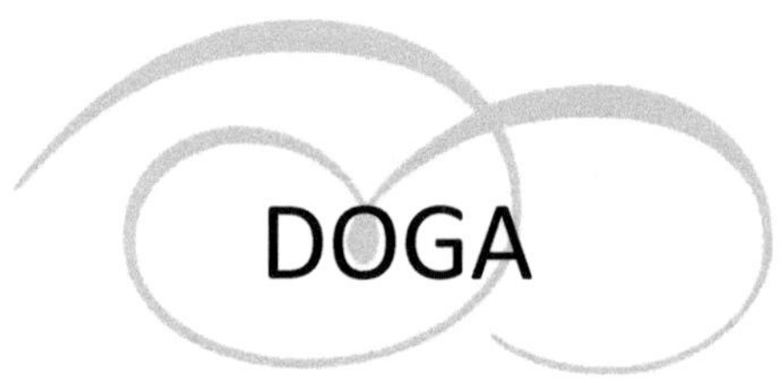

DOGA

Von einer Trendsportart zur nächsten: Nicht nur für Menschen zählt Yoga vor allem in letzter Zeit zu einer der beliebtesten Sportarten, die nicht nur für körperliche Fitness, sondern auch für eine perfekte mentale Auslastung sorgt. Auch für Hunde wird der meditative Sport aus dem fernen Osten immer häufiger in speziellen Hundeschulen angeboten. Dieses Hunde-Yoga wird verkürzt einfach „Doga“ genannt und bezieht auch den Halter mit ein. Beim Doga geht es dabei weniger um Action als um Entspannung und darum, die Beziehung zwischen Hund und Halter zu stärken. Die Übungen sind dabei speziell darauf ausgelegt, dass das Zweiergespann sie gemeinsam ausführen kann. Insbesondere für arbeitende Hunde, ganz egal ob Therapie- oder Assistenzhunde, bietet Doga eine großartige Möglichkeit, den Alltagsstress zu vergessen und gleichzeitig etwas für die Muskulatur zu tun.

Trainingseinheiten beim Doga bestehen meist aus besagten Übungen sowie einigen Minuten Entspannung am Ende, in denen der Hund auch massiert wird. Auf diese Weise genießen Hund und Halter während der Trainingseinheiten den intensiven Kontakt zu einander.

Wie auch beim Yoga für Menschen beginnt Doga normalerweise mit Atemübungen. Es folgt eine Reihe von Stellungen (Asanas), die der Halter einnehmen soll. Währenddessen bekommt der Hund eine behutsame Massage vom Hundeyogatrainer, der gleichzeitig auch vorsichtig die Muskeln und

Gelenke des Hundes dehnt. Doga ist vor allem sinnvoll, weil Hunde Unausgeglichenheit und Unruhe bei ihrem Halter spüren können. Innerhalb einer Sitzung werden diese gelöst, was auch der Beziehung zwischen den beiden Parteien zu Gute kommt. Auch kann Doga sinnvoll sein, wenn der Hund an psychosomatischen Beschwerden leidet. Etwa können psychisch bedingte Verdauungsbeschwerden oder Bluthochdruck durch regelmäßige Doga-Einheiten gemindert werden. Häufig helfen die meditativen Trainingseinheiten auch ängstlichen oder unausgeglichenen Hunden.

Allerdings ist Doga nicht für jeden Hund geeignet, da es unerlässlich ist, dass der Hund über längere Zeit still sitzen kann. Grundgehorsam reicht hierbei häufig nicht aus: Viel eher muss der Charakter stimmen, damit das Projekt Doga Erfolg haben kann. Sozial unverträgliche Hunde oder solche, die sich sehr leicht ablenken lassen, können also eher selten an einer Doga-Stunde teilnehmen. Hier kann es sich jedoch lohnen, das Ganze mal im heimischen Wohnzimmer auszuprobieren. Viele Asanas lassen sich nämlich auch ohne professionelle Hilfe vollführen. Eine davon ist die Pranayama, also Atemübung, die ohnehin den Beginn einer Yoga-Sequenz ausmachen sollte. Dabei wird der Brustkorb des Hundes an den Seiten langsam gestreichelt, während sich der Rhythmus der Atmung des Halters an diese Bewegungen anpasst. Dabei gilt es auch auf die Atmung des Hundes zu achten. Der Halter sollte versuchen, den Hund mithilfe der eigenen Atmung zu beruhigen. Die ruhige Atmung kann helfen, dem Hund sowie dem Halter etwas Ausgeglichenheit zu verleihen. Eine Übung, die im Anschluss probiert werden kann, ist tatsächlich auch von Hunden inspiriert und eine sehr beliebte Asana, die hilft, die Rückenmuskulatur zu dehnen: Der herabschauende Hund beginnt in einer knienden Position für den Menschen. Dies ist die Ausgangsposition. Dabei werden die Hände etwa in Schulterabstand vor sich flach auf den Boden gelegt und das Gesäß in die Höhe gestreckt. Wenn der Hund die Übung verstanden hat, kann auch er sie gemeinsam mit seinem Halter vollführen. Bei Hunden ist der „herabschauende Hund“ häufig ein Teil des Morgenrituals: Direkt nach dem Aufwachen wird der Rücken gedehnt, die vorderen Pfoten nach vorn gestreckt. Initiieren kann der Halter diese Übung, indem er dem

Hund möglichst nah am Boden ein Leckerli hinhält. Auch die Kobra-Asana lässt sich einfach zu Hause ausprobieren. Hierbei legen sich Hund und Mensch flach auf den Boden. Die Unterarme verweilen parallel zueinander auf dem Boden, während der Kopf in die Höhe gereckt wird. Auf diese Weise wird der Rücken leicht gedehnt. Beim Hund ähnelt diese Übung dem Kommando „Platz". Auch der Baum kann sowohl vom Halter als auch vom Hund zu Hause ausprobiert werden, erfordert vom Vierbeiner jedoch ein kleines bisschen Trickvermögen. Dabei steht der Mensch aufrecht mit erhobenen Armen, deren Handflächen sich über seinem Kopf berühren. Ein Bein wird angewinkelt und das gegenseitige Knie mit dem Knöchel berührt. Der Hund kann diese Position nachahmen, indem er sich auf zwei Beine stellt und die Pfoten in die Höhe hebt.

Geeignet für Therapie- und Assistenzhunde?

Doga ist für alle Therapie- und Assistenzhunde geeignet und fördert den Zusammenhalt des Teams.

FAHRRAD FAHREN

Fahrrad fahren ist nicht nur ein tolles Konditionstraining, sondern ermöglicht uns auch, unsere Nachbarschaft (und noch mehr) zu entdecken. Der frische Fahrtwind sowie die Möglichkeit, sich schnell und komfortabel von A nach B zu bewegen, sorgen dafür, dass der Fahrer kaum merkt, dass er sich währenddessen körperlich anstrengt. Umso mehr Freude kann man mit dem Drahtesel haben, wenn man nicht alleine fährt. Und nicht nur, dass der Spaßfaktor maximiert werden kann, wenn der beste Freund des Menschen ihn auf seine Ausflüge begleitet: Auch kann so das Auslaufbedürfnis des Hundes auf eine für beide Parteien amüsante Art und Weise befriedigt werden.

Damit die gemeinsamen Ausflüge mit dem Fahrrad jedoch kein Gesundheitsrisiko für den Hund darstellen, sollte dieser über eine ausreichende Fitness verfügen. Auch Gelenkprobleme sind ein Grund, weshalb lieber verzichtet werden sollte, da die relativ schnelle Geschwindigkeit vereint mit hartem Auftreten auf dem Boden nicht unbedingt zu den gelenkschonendsten Sportarten im Bereich des Hundesports zählt. Auch sehr große oder sehr kleine Hunderassen sind weniger für das Fahrrad fahren geeignet. Zusätzlich dazu sollte der Hund auf jeden Fall ausgewachsen sein, da sonst Komplikationen mit dem Bewegungsapparat die Folge sein können.

Abgesehen davon lässt sich aber jeder lauffreudige Hund als Fahrradbegleitung einspannen.

Bevor jedoch mit dem Fahrrad losgelegt werden kann, sollte sichergestellt werden, dass das „Bei Fuß!“-Kommando fehlerfrei sitzt. Idealerweise wird dieses auch erst einmal zu Fuß geübt. Der gewünschte Effekt, der das Ziel des Trainings ist, sollte eine leicht durchhängende Leine während des Fahrradfahrens sein. Um dies zu üben, muss der Halter so lange die Laufrichtung wechseln, bis der Hund parallel neben ihm herläuft, statt vorzulaufen. Wenn dies klappt und die Leine nicht mehr unter Spannung steht, darf ausgiebig gelobt werden. Sobald „Bei Fuß“ sitzt, ist der Hund eigentlich schon bereit, neben dem Fahrrad herzulaufen. Lediglich empfiehlt es sich auch, den Hund generell an das Fahrrad zu gewöhnen. Schließlich handelt es sich um ein vergleichsweise großes Gerät, das Geräusche von sich gibt und ziemlich einschüchternd sein kann, wenn der Hund daneben herlaufen soll. Doch auch anfängliches Zögern des Hundes lässt sich aus der Welt schaffen. Am besten üben Hund und Halter den Umgang mit dem Fahrrad gemeinsam mit einer weiteren Person. So kann der Halter langsam mit dem Fahrrad fahren, während der Helfer den Hund daneben an der Leine führt. Alternativ können auch einige Runden absolviert werden, in denen der Halter das Fahrrad schiebt und gemeinsam mit dem Hund nebenher zu Fuß geht. Wer auf Nummer Sicher gehen möchte, kann jedoch auch eine spezielle Halterung für die Hundeleine erstehen, die diese etwas auf Abstand hält. Gleichzeitig hat der Halter so auch beide Hände für das Lenkrad frei, was die Sicherheit maximiert.

Nun steht dem Fahrrad fahren mit Hund eigentlich nichts mehr im Wege. Das Einzige, was unbedingt bedacht werden sollte, ist, dass der Hund sich währenddessen viel mehr anstrengt, als der Fahrer. Deshalb ist es sehr wichtig, auf seinen Hund zu achten und ihn nicht zu überanstrengen. Unten, wo der Hund neben dem Fahrrad herläuft, sind die Abgase aus dem Straßenverkehr nämlich viel stärker spürbar, da nur der Fahrer den Fahrtwind mitbekommt. Da der Hund nicht in die Pedale tritt, sondern selbst neben dem Fahrrad herlaufen muss, ist ein solcher Ausflug auch deutlich anstrengender für ihn.

Insbesondere bei warmem Wetter sollte auf das gemeinsame Fahrrad fahren deshalb eventuell verzichtet werden, da der Hund leicht überhitzen könnte. Hinzu kommt, dass Hunde meistens dazu neigen, sich zu überanstrengen, statt zeitig anzuzeigen, wann es ihnen zu viel wird. Aus diesem Grund ist die Aufmerksamkeit des Halters gegenüber seinem Begleiter ein Muss. Die Wahl der Strecke ist ebenso ein Faktor, den man berücksichtigen sollte. Während es auf einem geeigneten Fahrrad nicht allzu anstrengend ist, einen Berg hochzufahren, sollte der Hund bei solchen Ausflügen vielleicht lieber nicht mitkommen. Besser eignen sich ebenmäßige Wege, die zu großen Teilen durch die Natur führen.

Selbstverständlich muss der Ausflug nicht immer Ausflug sein: Auch kann der Hund am Fahrrad laufen, wenn Alltagsbesorgungen gemacht werden.

Geeignet für Therapie- und Assistenzhunde?

Sobald Hund und Halter körperlich fit sind, kann jedes Therapiehundeteam gemeinsam Fahrrad fahren. Auch die meisten Assistenzhundeteams können diesen Ausgleich pflegen. Lediglich für Warn- und Signalhunde eignet sich der Sport weniger, da sie durch die Distanz zum Halter schlechter warnen und anzeigen können und um dieses zu tun nicht direkt an den Halter kommen können. Hier gelten die gleichen Gefahren wie bei Reitbegleithunden. Bei Autismus- und PTBS-Assistenzhunden sollte sicher gestellt sein, dass sie in der Situation bestimmte Aufgaben nicht ausführen müssen, denn einige Aufgaben die körperliche Nähe erfordern sind in dieser Zeit nicht möglich. Und auch für Blindenführhunde ist diese Aktivität aufgrund der Sehbehinderung des Halters nicht geeignet.

NORDIC WALKING

Nordic Walking ist eine gesundheitsfördernde Sportart, die vor allem bei älteren Menschen beliebt ist. Selbstverständlich kann dabei auch der Hund einen großartigen Begleiter abgeben und zusätzlich eine Motivation für das regelmäßige Walken darstellen. Beim Nordic Walking kann der Halter seine Fitness verbessern, ohne sich verausgaben zu müssen. Dasselbe gilt auch für den Hund. Unterstützt wird die beliebte Sportart von zwei Stöcken, die den Rhythmus beim Gehen fördern.

Ursprünglich kommt das Nordic Walking aus Finnland. Mauri Repo definierte es erstmals 1979 in seinem Werk „Hiihdon lajiosa", das in „A part of cross-country skiing training methodic" übersetzt wurde. Im Jahre 1997 produzierte der finnische Hersteller Exel erstmalig die für das Nordic Walking typischen Gehstöcke. Diese sind dafür da, auch den Oberkörper in das Training miteinzubeziehen, sodass nicht nur die Muskulatur des Unterkörpers beansprucht wird. Deshalb hat der Walker die Möglichkeit, beim Nordic Walking seine gesamte Muskulatur zu trainieren. Der Bewegungsablauf beim Nordic Walking sieht so aus, dass der Sportler genau dann seine linke Ferse auf dem Boden hat, wenn der rechte Stock auf den Boden aufsetzt und andersherum. Idealerweise bleiben die Stöcke dabei körpernah. Besonders vorteilhaft ist die nordische Sportart für alle, die aus gesundheitlichen Gründen nicht joggen können, aber die gleichen Vorteile für ihre Fitness genießen möchten.

An diesem Punkt stellt sich jedoch berechtigt die Frage: Wie soll der Hund beim Nordic Walking mitmachen? Schließlich hat der Halter aufgrund der essentiellen Stöcke keine Hand mehr für die Leine frei. Hinzu kommt, dass der Hund auch nicht allzu nah an seinem Herrchen oder Frauchen laufen kann, da die Stöcke einen bestimmten Platz einnehmen, während sie bewegt werden. Auch ein Verheddern der Leine kann für Halter und Hund ein Sicherheitsrisiko bedeuten. Nordic Walking mit dem Hund ist jedoch nicht unmöglich und sollte vor allem aufgrund der zahlreichen Vorteile für die Fitness von Hund und Halter ausprobiert werden, wenn es eine Freizeitmöglichkeit sein soll, bei der sich auch der Mensch körperlich beschäftigen kann. Damit der gemeinsame Ausflug gelingen kann, wird eine Reihe an speziellem Equipment notwendig. Darunter fallen: Eine spezielle Leine, die am Handgelenk befestigt wird, einen Wassernapf für unterwegs sowie einen Hüftgurt, an dem ein Rucksack für Leckerlis und Wasser befestigt werden kann. Bevor der Vierbeiner zum Walken mitgenommen wird, ist es wichtig, dass der Halter die korrekte Technik erlernt. Deshalb werden einige Ausflüge ohne Hund notwendig, in denen sich der Mensch voll und ganz auf seine Form konzentrieren kann. Wenn er meint, das Nordic Walking internalisiert zu haben, kann der Hund gerne mitkommen. Für den Hund gilt mehr oder weniger dasselbe: Ehe er mit seinem Halter walken geht, muss der Grundgehorsam fehlerfrei sitzen. Da der Halter selbst körperlich aktiv ist und an seiner Fitness arbeitet, kann er nicht permanent auf den Hund achten, weshalb dieser bedingungslos auf verbale Kommandos hören muss. Wenn der Halter genötigt ist, den Hund ständig zu ermahnen und auf ihn aufzupassen, ist das Vorhaben Nordic Walking jäh beendet. Es kann hilfreich sein, den Hund vorher an die Stöcke zu gewöhnen, damit dieser den Umgang damit lernt und nicht verängstigt ist. Eine Idee ist es, die Stöcke einfach mal beim gewöhnlichen Spaziergang mitzunehmen. Anschließend ist es wichtig, ein Tempo zu finden, das für beide angenehm ist. Da man beim Nordic Walking auch ganz schön ins Schwitzen kommt, muss bedacht werden, dass der Hund zusätzlich auch noch sein Fell trägt und deswegen anfälliger dafür ist, sich zu überhitzen. Bei sehr warmem Wetter sollte also entweder das Tempo etwas angezogen oder auf Nordic Walking verzichtet werden. Wer sich die Eingewöhnung des Hundes selbst nicht zutraut, kann auch einen Kurs an einer Hundeschule besuchen. Viele Schulen veranstalten auch regelmäßig gemeinsames Nordic Walking mit allen Kursteilnehmern.

Ein besonderer Vorteil dieser Sportart ist, dass es sich um sanftes Ausdauertraining handelt, das auch mit eher gemütlichen, gehandicapten oder übergewichtigen Tieren praktiziert werden kann. Wer zum Beispiel seinen Hund nicht mit zum Jogging nehmen kann, weil dieser an einer Hüftdysplasie leidet, kann es dennoch mit Nordic Walking versuchen. Allerdings sollten die Trainingseinheiten nicht zu ausgiebig sein. Sicherheitshalber ist es jedoch immer eine gute Idee, sowohl für Hund als auch für Mensch im Vorhinein einen Besuch beim Doktor einzuplanen, um sicherzustellen, dass beide in einer geeigneten Verfassung für Ausdauersport sind. Wenn der Arzt sein „Okay“ gegeben hat, kann es allerdings losgehen. Auch für Begleithunde ist das Nordic Walking ein geeigneter Sport, da sie ihren Besitzer dabei unterstützen und motivieren können, sportlich aktiver zu werden. Damit jedoch auch der Hund vollends auf seine Kosten kommt, sollten einige Abschnitte eingeplant werden, in denen er frei herumlaufen und seine Umwelt erkunden darf. Ebenso sollte nicht vergessen werden, den Hund auch seine Blase leeren zu lassen.

Geeignet für Therapie- und Assistenzhunde?

Ohne Einschränkungen ist Nordic Walking für alle Therapie- und Assistenzhunde geeignet. Lediglich beim Warnen und Anzeigen und körpernahen Aufgaben für Autismus- und PTBS-Assistenzhunde muss, wie beim Jogging darauf geachtet werden, dass der Hund hierbei durch die Bewegung des Menschen eingeschränkt sein kann.

TREIBBALL

Deutlich weniger bekannt als Nordic Walking aber auf jeden Fall auch ein großer Spaß für das Hund-und-Halter-Gespann ist Treibball. Dieser Ballsport für Hunde lässt sich in etwa als eine Mischung aus Handball und Billard beschreiben und wurde vom niederländischen Hundeexperten Jan Nijboer erfunden. Treibball wird mit insgesamt 8 verschieden großen Gymnastikbällen gespielt, die um den Hund herum in einem Dreieck angeordnet sind. In etwa 20 Metern Entfernung befindet sich ein Tor. Ziel des Spiels ist, den Hund mittels Handzeichen und verbalen Kommandos dazu zu befördern, die Bälle durch Einsatz seines Körpers und seiner Schnauze ins Tor zu befördern. Wenn sich alle acht Bälle im Tor befinden, wird das Spiel mit „Platz" vor dem Tor beendet. Entfernt erinnert der Sport auch ein wenig an das Hüten von Schafen. Jedoch kann jede erdenkliche Hunderasse und theoretisch auch Hunde jedes Alters am Treibball sehr viel Spaß haben. Als Equipment wird ein Tor benötigt sowie Gymnastikbälle, die sich idealerweise nicht allzu leicht zerbeißen lassen. Der Mensch steht dabei auf Distanz zum Hund und hat die Aufgabe, ihn zu navigieren. Damit der Hund eine ordentliche Einführung in das Spiel bekommt und sich Treibball als Hobby in sein Leben integrieren lässt, sollte der Beginn an einer Hundeschule stattfinden. Ansonsten kann es passieren, dass der Hund sich von den großen Bällen einschüchtern lässt oder sie zerbeißt. Um dem Hund die Regeln des Treibballs beizubringen, wird zunächst eine Leine oder ein Target benötigt. Diese geben den Ausgangspunkt auf dem Feld. Von diesem Punkt aus kann das Richtungsweisen durch den Halter geübt werden.

Am Anfang reicht es aus, wenn nur zwei Gymnastikbälle zum Einsatz kommen. Jedoch ist auch die Wahl der richtigen Bälle sehr wichtig. Hartplastikbälle beispielsweise eignen sich weniger, da sie Frust beim Hund aufbauen können. Schließlich lebt Treibball davon, dass der Hund die Bälle mit der Nase befördert. Ist der Ball nicht geeignet, kann das Anstupsen schmerzhaft sein. Hinzu kommt, dass Frustration den Hund dazu bewegen könnte, den Halter zu missachten. Außerdem führt zu hartes Plastik häufig dazu, dass Zähne ausgeschlagen werden. Deshalb sollten die Bälle für das Spiel unbedingt sorgsam ausgesucht werden. Auch gilt es, darauf zu achten, dass sie prall aufgepumpt sind. Dies erleichtert dem Hund das Rollen der Bälle und macht es so gut wie unmöglich, hineinzubeißen. Das Feld sollte idealerweise abgegrenzt sein, damit sich der Hund besser auf das Spiel konzentrieren kann. Wie bei jedem anderen Hundesport auch benötigt der Hund während des Trainings Bestätigung. Dies kann entweder durch verbales Lob erfolgen oder mittels Leckerlis passieren. Dem Hund soll zu verstehen gegeben werden, dass er die Bälle sorgsam behandeln soll. Schließlich sind sie unser Eigentum. Um ihm dies deutlich zu machen, muss der Halter daran denken, den Hund nur auf Kommando an die Bälle zu lassen. Geübt wird dies, indem er anfangs gemeinsam mit dem Hund auf die Bälle zugeht. Möchte der Hund sie bereits zu diesem Zeitpunkt anstoßen, sollte dies durch den Halter verhindert werden. Daraufhin beginnt der Mensch selbst, sie zu rollen. Der Hund sollte sich diese Bewegung einprägen und nachahmen, weshalb es wichtig ist, die Bälle nur von unten mit dem Handrücken zu bewegen; so, wie es der Hund später auch tun soll.

Währenddessen ist die Aufgabe des Hundes, ruhig liegen zu bleiben. Dies ist eine sehr anspruchsvolle Aufgabe, die jedoch sehr wichtig für die korrekte Ausführung des Spiels ist. Wenn dies funktioniert hat, darf auch der Hund auf die Bälle losgelassen werden. Sollte er Anstalten machen, die Bälle anzugreifen, wird er ermahnt und der erste Kontakt abgebrochen. Der Vorteil des Spiels ist, dass der Hund lernt, aufmerksam zuzuhören. Das stärkt die Bindung zwischen

Hund und Halter. Auch kann der Sport an jedem Fitness-Level angepasst werden, weshalb alle Arten von Hunden daran teilnehmen können. Zeitdruck existiert beim Treibball spielen ebenfalls nicht, was auch dazu beiträgt, dass der Hund optimal ausgelastet wird. Allerdings muss der Halter auch ziemlich viel Geduld aufbringen, um dem Hund das richtige Anstupsen der Bälle beizubringen. Wenn jedoch erst einmal alle Hürden überwunden sind, steht dem fröhlichen Treibball spielen nichts mehr im Wege.

Geeignet für Therapie- und Assistenzhunde?

Grundsätzlich eignet sich Treibball für alle Arten von Therapie- und Assistenzhunden, da kein Zeitdruck entsteht und der Halter die Möglichkeit hat, den Körper- und Augenkontakt aufrecht zu erhalten.

ABENTEUERSPAZIERGANG

Abenteuerspaziergänge sind eine Freizeitmöglichkeit, bei der vor allem Spaß und die Natur im Vordergrund steht. Kein Zeitdruck, kein straffes Regelwerk: In einer größeren Gruppe mit anderen Hundehaltern und Hundetrainern kann der Hund sein Sozialleben zu Artgenossen aufrechterhalten und verbessern sowie nahe gelegene Wälder und Wiesen erkunden. Besonders interessant ist für Hundehalter der Aspekt der Sozialisation, da vor allem Assistenzhunde häufig nur wenig mit anderen Hunden zu tun haben, da ihr Sozialleben bei der Arbeit oft zu kurz kommt. Viele Hundeschulen bieten solche Abenteuerspaziergänge an, die eine Anmeldung erfordern. Auch für Hunde, die sich aggressiv gegenüber anderen Hunden zeigen, kann dies eine tolle Schulungsmöglichkeit sein: Im Zweifelsfall intervenieren die anwesenden Trainer, sodass schnell Verhaltensbesserungen festgestellt werden können. Allerdings kann auch jeder Halter selbst Erlebnisspaziergänge für seinen Hund gestalten, solange er körperlich dazu in der Lage ist. So können neue Routen oft schon ein tolles Abenteuer bedeuten. Wenn möglich, kann der Halter auch darauf achten, mit dem Hund durch Dickicht zu gehen oder über umgefallene Baumstämme zu balancieren. Der Kreativität sind auch bei der Freizeitgestaltung mit Hund keine Grenzen gesetzt.

Geeignet für Therapie- und Assistenzhunde?

Grundsätzlich sind Abenteuerspaziergänge für alle Arten von Therapie- und Assistenzhunden geeignet. Rollstuhlfahrer und sehbehinderte Personen sollten jedoch vorher prüfen oder mit dem zuständigen Trainer abklären, ob die Route für sie geeignet sein wird. Allerdings muss auch sichergestellt werden, dass die anderen Hunde den eigenen Hund nicht zu sehr von seiner Arbeit ablenken.

ERLEBNISSPAZIERGANG

Erlebnisspaziergänge unterscheiden sich hauptsächlich von Abenteuerspaziergängen, da diese nicht an der Hundeschule angeboten werden, sondern den Halter kreativ fordern. Einerseits bedeutet dies zwar etwas Zeitaufwand zur Planung und Vorbereitung, andererseits kann der Spaziergang so vollständig auf die Bedürfnisse des Halters und des Hundes ausgerichtet und kreativ gestaltet werden. Somit gibt es keine Art von Assistenzhunden, die an einem Spaziergang dieser Art nicht teilnehmen dürften. Ein Erlebnisspaziergang muss nicht jeden Tag vollführt werden, kann aber mit einer gewissen Regelmäßigkeit (zum Beispiel sonntags) in den Wochenrhythmus integriert werden. Ideen für einen Erlebnisspaziergang sind zum Beispiel das Verstecken von Gegenständen im hohen Gras, Balancieren auf Baumstämmen oder kleinen Mauern (sofern möglich), das Auffrischen verschiedener Kommandos oder Tricks und so weiter. Auch können auf freien Feldern oder im Wald kleine Slalomparcours mithilfe von Stöcken aufgebaut werden. Wie genau sich der Spaziergang gestaltet, entscheiden die Möglichkeiten und die Kreativität des Halters.

Geeignet für Therapie- und Assistenzhunde?

Erlebnisspaziergänge sind uneingeschränkt für alle Therapie- und Assistenzhunde geeignet, da sie an die Möglichkeiten des Hundes und des Halters angepasst werden können.

HUNDEKINO

Seit in Schweden das erste Hundekino eröffnet wurde, ziehen vereinzelt immer wieder Städte mit einem eigenen Hundeprogramm nach. So wurde auch in Wien ein Kino eigens für Hunde eröffnet. Manchmal bieten Städte auch Veranstaltungen an, die an ein Autokino erinnern, bei denen speziell Filme für Hunde gezeigt werden. Doch was macht ein Kino für Hunde eigentlich aus? Der wichtigste Punkt hierbei ist die Wahl des Films. Filme, die speziell an Hunde gerichtet sind, zeigen spielende und herumtollende Hunde in der freien Natur oder zu Hause. Der erste Film, der im schwedischen Hundekino gezeigt wurde, basiert auf einem Comic aus dem 1950-er Jahren, in denen eine zu groß geratene Dänische Dogge die Hauptrolle spielt. Wer jedoch nicht zufällig in der Nähe eines Hundekinos wohnt (zumal diese auch ziemlich selten sind), kann seinem Hund selbstverständlich auch zu Hause einen Kinoabend ermöglichen. Dafür gibt es mittlerweile auch zahlreiche DVDs und BluRays zu kaufen, die von Hundehaltern oft auch genutzt werden, um den Hund zu unterhalten, wenn er allein daheim bleiben muss. Die Filme versprechen, den Hund zu beruhigen und zu unterhalten.

Geeignet für Therapie- und Assistenzhunde?

Hundekinos sind uneingeschränkt für alle Therapie- und Assistenzhunde geeignet. Vorteilhaft ist insbesondere die Möglichkeit, jederzeit zu Hause einen Filmeabend mit Hund zu organisieren. Jedoch ist auch zu beachten, dass nicht jeder Hund sich für die Ereignisse auf der Leinwand interessiert.

WASSERARBEIT

Auch unter Hunden gibt es Wasserratten: Für diese eignet sich die Wasserarbeit hervorragend zur Freizeitgestaltung, die zum Rettungshundesport gehört. Der Hund wird ins Wasser geführt und soll Gegenstände an Land oder an Bord eines Bootes apportieren. Teilweise sind auch Übungen denkbar, in denen eine Rettungssituation simuliert wird. Hier „rettet" der Hund Menschen. Das Schwimmen hat besonders gesundheitliche Vorteile für den Hund: Rücken und Muskeln werden gestärkt, gleichzeitig kann der Hund so an seiner Kondition arbeiten. Ebenfalls positiv ist die Möglichkeit, am Vertrauen zwischen Hund und Halter zu arbeiten. Nachteilig ist jedoch, dass Wasserarbeit für den Hund ziemlich anstrengend werden kann, da längere Strecken geschwommen werden müssen. Deshalb ist es wichtig darauf zu achten, den Hund nicht zu überfordern. Im Winter gibt es zusätzlich zu den Schwimmübungen an vielen Hundeschulen auch „Trockenübungen", die teilweise der Rettungshundeausbildung entnommen sind. So lernen Hund und Mensch beispielsweise Erste Hilfe und Trockenübungen an Land.

Geeignet für Therapie- und Assistenzhunde?

Da bei der Wasserarbeit hauptsächlich der Hund die körperliche Betätigung auf sich nimmt, ist sie auch für LPF-Assistenzhunde geeignet. Allerdings sollte darauf geachtet werden, den Hund nicht zu sehr zu überfordern. Solange der Hund eine Veranlagung dazu hat und sich gerne im Wasser aufhält, steht dem Spaß nichts mehr im Wege. Signal- und Warnhunde können im Wasser allerdings nicht warnen und anzeigen, ebenso können Autismus- und PTBS-Assistenzhunde keine körpernahen Aufgaben ausführen, was wie bei Dog Diving bei der Wasserarbeit zu berücksichtigen ist.

GEOCACHING MIT HUND

Geocaching wird nicht umsonst oft als „moderne Schatzsuche“ bezeichnet. Und kaum eine Begleitung eignet sich besser als der Hund samt seiner ausgezeichneten Spürnase. Geocaching mit Hund, oft auch „Geodogging“ genannt, vereint Geocaching mit dem beliebten Hundesport der Zielobjektsuche. Das Spiel beginnt ähnlich wie Geocaching: Mittels GPS wird die Strecke ermittelt, auf der sich das zu findende Objekt befindet. Sobald dieser Punkt gefunden ist, wird der Hund losgeschickt, um das Objekt zu erschnüffeln. Meist wird es hierfür in ein luftdichtes Kästchen oder Röhrchen verpackt, damit die Geruchsintensität nicht abnimmt. Die Touren können an Hundeschulen gebucht werden und dauern im Schnitt circa etwas über eine Stunde. Um den Hund an die gezielte Suche heranzuführen, erfolgt ein positiver Stimulus, sobald der Hund das Objekt gefunden hat. Hierfür wird in der Regel ein Leckerli genutzt. Grundsätzlich können Hunde jeder Rasse und jedes Alters an der Suche teilnehmen und begreifen das Prinzip oftmals schon, wenn sie nur zum „normalen“ Geocaching mitgenommen werden. Der Hund bemerkt, dass der Halter sich freut, und wird so automatisch dazu ermuntert, mitzusuchen. Der gemeinsame Erfolg und das geteilte Abenteuer stärken die Zusammenarbeit zwischen Hund und Halter. Damit die Schatzsuche reibungslos klappt, sollte auf jeden Fall darauf geachtet werden, dass der Hund genügend zu trinken bekommt. Nur so ist die Nasenschleimhaut gut durchblutet.

Geeignet für Therapie- und Assistenzhunde?

Bei der Eignung für Therapie- und Assistenzhunde verhält es sich beim Geodogging im Grunde genauso wie bei der Zielobjektsuche. Blindenführhunde sollten nicht dazu aufgefordert werden, sich auf einen bestimmten Geruch zu konzentrieren und diesem zu folgen. Auch LPF-Assistenzhunde sollten eher mit anderen Freizeitmöglichkeiten bei Laune gehalten werden, da es auch beim Geocaching nicht erlaubt ist, die gefundenen Objekte aufzuheben.

RESTAURANTS FÜR HUNDE

Hunde genießen in unserer Gesellschaft viele unserer luxuriösen Menschenservices wie zum Beispiel Spas oder Friseursalons. Neu hingegen sind spezielle Restaurants für Hunde: Ob zur Food-Manufaktur Scooby's Diner in Bargteheide in Schleswig-Holstein oder auch das Hunde-Restaurant „Am Forsthaus Paulsborn" in Berlin, hier gibt es auch für Vierbeiner eine Verköstigung. Dass es sich hierbei um spezielle Gastronomiebetriebe für Hunde handelt, bedeutet das, dass Hunde nicht nur mitgenommen werden dürfen, sondern der Halter auch spezielle Hundemahlzeiten für seinen Vierbeiner aussuchen darf. Vorteilhaft ist, dass es sich in Hunderestaurants in der Regel um sehr hoch qualitatives Futter handelt und Hund und Halter die Möglichkeit haben, zusammen zu speisen, was das Vertrauen stärken kann. Ein Gourmet-Dinner kann jedoch selbstverständlich auch zu Hause zubereitet werden.

Geeignet für Therapie- und Assistenzhunde?

Ein Ausflug in ein Restaurant für Hunde ist mit allen Arten von Therapie- und Assistenzhunden denkbar. Hierbei ist darauf zu achten, dass der Besuch nicht mit dem gewünschten Verhalten im Dienst kollidiert, z. B. der Hund nicht einfach auf den Stuhl oder Tisch darf, wenn es sonst auch nicht erwünscht ist.

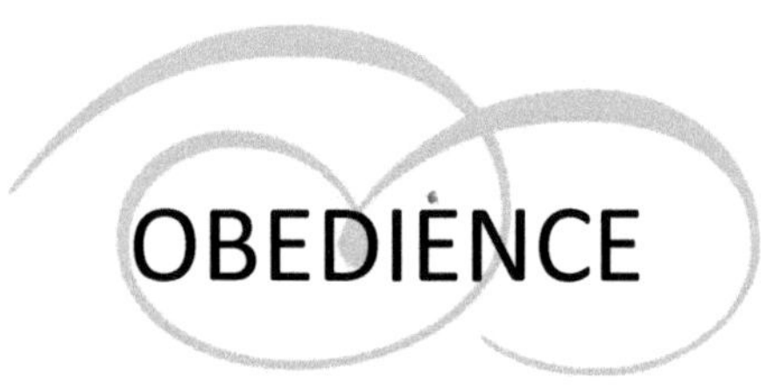

OBEDIENCE

Auch Obedience reiht sich in die Liga englischer Hundesportarten und entstammt ursprünglich den „Working Trials“, ehe es sich zu einer eigenständigen Disziplin abspaltete. Obedience setzt sich zusammen aus unterschiedlichen Prüfungen, die zum Beispiel den Umgang mit Menschen und Hunden bewerten, die Unterscheidung von Gerüchen sowie die korrekte und schnelle Ausführung verschiedener Kommandos. Auch gibt es Übungen, in denen der Hund in größerem Abstand zum Halter Folge leisten soll. Da hier besonders der Grundgehorsam gefragt ist, kann Obedience Hund und Halter eine abwechslungsreiche und spaßige „Auffrischung“ bieten.

Geeignet für Therapie- und Assistenzhunde?

Obedience kann für Therapiehunde und die meisten Arten von Assistenzhunden eine gute Möglichkeit zur Freizeitgestaltung darstellen, allerdings droht die Gefahr, dass der Hund sich langweilt. Schließlich werden bei Obedience hauptsächlich Grundkommandos abgefragt, die bei einer Therapie- und Assistenzhundausbildung schon sitzen müssen. Dennoch finden viele Hunde Spaß an einem solchen Training, da es den Zusammenhalt fördert, ohne übermäßig anstrengend zu sein. Lediglich bei Warnhunden sollte von einer Teilnahme abgesehen werden, da einige Übungen einen großen Abstand zum Halter erfordern, bei dem der Hund nicht in der Lage ist, zu warnen. Auch wenn eigenes Handeln von PTBS- oder Autismushunden z. B. wie trösten oder beruhigen, während des Obedience gefordert wird, kann dies für den Hund eine Schwierigkeit darstellen. Auch Signalhunde können während der strikten Ausführung nicht anzeigen. Hier kann das Obedience-Training dahingehend angepasst und variiert werden, dass der Hund bewusst ermutigt und gelobt wird, wenn er seine Position bricht, um seiner Assistenzhundart nachzugehen.

RALLY OBEDIENCE

Rally Obedience baut, wie auch das englische Obedience, auf den Grundkommandos auf. Allerdings wird das Training hier ähnlich einem Zirkeltraining aufgebaut. Anders als beim Obedience wird hier weniger Wert auf Zeit gelegt als auf den Spaßfaktor: Hund und Halter bewegen sich über verschiedene Stationen hinweg, die wie ein Parcours aufgebaut sind. An diesen Stationen befinden sich Anweisungen, welches Kommando ausgeführt werden soll. Nach erfolgreichem Abschluss geht es für das Team zur nächsten Station. So können Grundkommandos aufgefrischt werden. Zusätzlich dazu bieten die Stationen viel Abwechslung für den Hund und stärken die Interaktion zwischen Hund und Halter.

Geeignet für Therapie- und Assistenzhunde?

Rally Obedience ist für alle Arten von Therapie- und Assistenzhunden geeignet. Einzig Blindenführhunde können nicht teilnehmen, da der Parcours eine Gefahr für in der Sehkraft beeinträchtigte Menschen darstellt. Zusätzlich müssen die Anweisungen gelesen werden.

SCENT HURDLE RACING

Scent Hurdle Racing ist ein dynamischer Rennsport für Hunde, in dem auch ihre Spürnasen gefragt sind. Hier wird ein Parcours aus vier Hürden aufgebaut, den der Hund zu meistern hat. Besonders schwierig ist jedoch, dass er anhand eines Geruchs auch einen bestimmten Gegenstand erschnüffeln und über die vier Hürden zurückbringen soll. Bei dem zurückzubringenden Gegenstand handelt es sich meistens um ein Apportierholz unter vielen, das den Geruch des Halters trägt. Dieses gilt es ausfindig zu machen und es zurückzubringen. Manche Hundeschulen bieten auch die Teilnahme an Turnieren an, wo das Spiel auf Zeit erfolgt. Scent Hurdle Racing ist besonders vorteilhaft für die Zusammenarbeit zwischen Mensch und Hund. Aufgrund des hohen Tempos kann Scent Hurdle Racing die Kondition des Hundes verbessern und ihn physisch auslasten.

Geeignet für Therapie- und Assistenzhunde?

Scent Hurdle Racing eignet sich für alle Arten von Therapie- und Assistenzhunden. Allerdings ist darauf zu achten, dass der Hund so sehr in die Aktivität vertieft sein kann, dass er eventuell nicht früh genug vor einem bevorstehenden epileptischen Anfall oder einer drohenden Unter- oder Überzuckerung, sowie Asthma- oder Schlaganfall warnen kann.

FLYBALL

Als Nachfolger des Scent Hurdle Racings entstand in den 1990-er Jahren Flyball in den USA. Auch hier kommen vier Hürden zum Einsatz, die es für den Hund zu meistern gilt. Allerdings gibt es auch eine speziell für den Hundesport entwickelte Flyballmaschine: Diese muss der Hund auslösen, damit ein Ball geworfen wird, den er wiederum fangen und zurückbringen soll. Hier ist der Hund darauf angewiesen, selbsttätig die Taste an der Flyballmaschine zu betätigen, was eine kognitive Herausforderung für den Hund darstellt und ihn so mental fordert. Auch durch die schnelle Spielart ist Spaß vorprogrammiert. Die Kondition des Hundes wird so spielerisch ausgebaut.

Geeignet für Therapie- und Assistenzhunde?

Flyball ist, wie auch der Vorgänger Scent Hurdle Racing, für alle Arten von Assistenzhunden geeignet. Allerdings sollte bei Therapiehunden darauf geachtet werden, dass Flyball nicht kontraproduktiv mit dem Einsatzgebiet des Hundes ist. Soll der Hund z. B. im Kindergarten oder auf dem Schulhof werfende Bälle vollständig ignorieren, kann es ihm schwerer fallen, wenn genau das Gegenteil in der Freizeit gefördert wird.

KOMMUNIKATIVER SPAZIERGANG

Ein Spaziergang mit Hund sieht häufig so aus, dass Mensch und Tier zwar gemeinsam das Haus verlassen, aber eigentlich beide ihren eigenen Angelegenheiten nachgehen. Nicht so beim kommunikativen Spaziergang, der von einigen Hundeschulen angeboten wird: Hier liegt der Fokus auf der gegenseitigen Anerkennung während des Ausflugs, was die Bindung zwischen Hund und Halter immens stärken kann und den Spaziergang zu einem besonderen Erlebnis macht. Besonders wichtig bei kommunikativen Spaziergängen sind die Aufrechterhaltung einer gewissen Nähe sowie der Blickkontakt zum Hund. In einer Hundeschule kann der Halter Tricks lernen, wie er die Aufmerksamkeit des Hundes wieder auf sich lenken kann. Ein Beispiel, wie die Aufmerksamkeit des Hundes wieder zurück zum Halter gelenkt werden kann, ist, so zu tun, als habe man etwas Interessantes gefunden. Dafür ruft der Halter enthusiastisch in Richtung des Hundes „Schau mal, der Hase!“ und gibt vor, nach ihm zu suchen. Die meisten Hunde werden daraufhin neugierig und plötzlich ergibt sich ein gemeinsames Spiel, denn aus dieser Situation heraus (der Halter hat die ungeteilte Aufmerksamkeit des Hundes) lässt sich ein sinnvolles und auslastendes Spiel gestalten, indem zum Beispiel neue Tricks geübt werden. Geeignet sind kommunikative Spielgänge für uneingeschränkt alle Hunde unabhängig der Größe, Rasse oder des Alters. Eine weitere Methode aus kommunikativen Spaziergängen ist zufälligen Augenkontakt mit dem Hund zu belohnen und ihm so zu signalisieren, dass dieser gewünscht ist. Auf diese Weise kann die Bindung zwischen Hund und Halter maßgeblich gestärkt werden. Darüber hinaus sind Spaziergänge dieser Art für den Hund weniger eintönig und deutlich fordernder. Auch sind artgerechte Spiele eine gute Weise, den Spaziergang kommunikativer zu gestalten. Ideal eignet sich hierfür Tauziehen mit dem Hund.

Geeignet für Therapie- und Assistenzhunde?

Kommunikative Spaziergänge eignen sich gut für alle Arten von Therapie- und Assistenzhunden. Wer einen Therapie- oder Assistenzhund seinen Partner nennen darf, muss meist nicht einmal zur Hundeschule (außer vielleicht, um sich neue Ideen zu holen), da der Aufbau der Bindung sowie der Aufrechterhalt des Blickkontakts häufig schon zur Ausbildung des Hundes gehört. Kommunikative Spaziergänge sind eine gute Methode um das tägliche Gassi gehen abwechslungsreicher zu gestalten und die Bindung zwischen Hund und Halter zu stärken. Einzig das Tauziehen sollte bei Therapiehunden weggelassen werden, wenn dieses kontraproduktiv für den Einsatz in der tiergestützten Therapie ist.

DOG FRISBEE

Dog Frisbee stammt ursprünglich aus Amerika und erfreut sich in Deutschland zunehmender Beliebtheit. Erfunden wurde die dynamische und spaßige Sportart vor circa 30 Jahren von Alex Stein, dem die Begeisterung seines Hundes für sein eigenes Frisbee-Spiel auffiel. Mittlerweile finden sogar Dog Frisbee-Turniere statt. Es gibt drei verschiedene Stile beim Dog Frisbee. Freestyle ist hierbei die Unterkategorie mit den lockersten Regeln. Hund und Halter vollführen eine Choreographie aus verschiedenen Würfen zu selbst ausgewählter Musik in einem Zeitrahmen von zwei Minuten. Auch können verschiedene Hundetricks eingebaut werden, die auch in anderen Sportarten wie zum Beispiel Dog Dancing zum Einsatz kommen. Bei Mini-Distance geht es darum, in einer etwas kürzeren Zeit möglichst viele Punkte zu erzielen. Der Hund soll in einer vorgeschriebenen Distanz die Scheibe fangen. Aus der Luft gefangen bekommen Hund und Halter Extrapunkte. Im Gegensatz zum Freestyle steht dem Team nur ein einziges Frisbee zur Verfügung, weshalb der Hund dieses stets apportieren muss, auch wenn er nicht geschafft hat, sie zu fangen. Long-Distance kommt ohne Zeitrahmen aus. Hier gilt es, die Scheibe möglichst weit zu werfen. Punkte gibt es nur für gefangene Würfe. Jedes Team bekommt drei Versuche. Frisbee ist vor allen Dingen ein Hundesport, der den Hund körperlich auslastet, da viel und schnell gerannt werden soll. Auch sind Sprünge und beim Freestyle noch andere Tricks Bestandteil des Sports. Da viele Hunde ohnehin gerne Gegenstände fangen, ist es meist auch nicht schwierig, den eigenen Vierbeiner dafür zu begeistern. Da der Hund sich auf die fliegende Scheibe konzentrieren muss, fördert Dog Frisbee auch die Aufmerksamkeit und stärkt somit das Zusammenarbeiten des Teams. Wer eine Frisbeescheibe zu Hause hat und nicht unbedingt an Turnieren teilnehmen will, kann auch selbst tätig werden und mit dem eigenen Hund Frisbee spielen. Obwohl das Werfen an sich schon genügend Spaß macht, können auch Tricks und Regeln integriert werden, um das Spiel anspruchsvoller zu gestalten.

Geeignet für Therapie- und Assistenzhunde?

Dog Frisbee ist für alle Assistenzhunde geeignet. Rollstuhlfahrer müssen jedoch zunächst sichergehen, dass der Platz für den Rollstuhl befahrbar ist. Für Therapiehunde gilt dasselbe wie beim Flyball, dass darauf geachtet werden sollte, dass die Aktivität nicht zum Gegensatz der Anforderungen in der tiergestützten Therapie steht.

INTELLIGENZSPIELZEUG

Grundsätzlich liegt es in der Natur des Hundes, gerne zu spielen. Der feine Geruchssinn sowie ein natürlicher Jagdtrieb gepaart mit einer ordentlichen Portion Neugier sorgen dafür, dass kaum ein Spielzeug unbeachtet bleibt. Dieser Spieltrieb kann sinnvoll genutzt werden, indem Intelligenzspielzeug angeboten wird. Auf dem Markt finden sich viele verschiedene Spielzeuge, die auf unterschiedliche Arten versprechen, den Hund beschäftigt zu halten und ihn geistig zu fordern. Das Grundprinzip bei den meisten Spielzeugen ist eine bestimmte Konstruktion, aus der ein Leckerli hervorgeholt werden soll. Besonders vorteilhaft an Spielzeugen dieser Art ist, dass der Hund auf spielerische Art und Weise eine Möglichkeit hat, sich drinnen zu beschäftigen, und seine mentalen Kapazitäten zu nutzen. Dies wird im hektischen Alltag meist leider übergangen. Auch eignet sich Intelligenzspielzeug sehr gut für die Tage, an denen der Halter beispielsweise krank ist und nicht die Kraft hat, sich ausgiebig mit dem Tier zu beschäftigen. Beim Kauf ist es besonders wichtig darauf zu achten, dass das Spielzeug für den Hund nachvollziehbar und nicht unnötig kompliziert ist. So kann die Aufgabe auch wirklich mit Spaß gemeistert werden und sorgt nicht nur für Frust.

Geeignet für Therapie- und Assistenzhunde?

Intelligenzspielzeug ist für alle Therapie- und Assistenzhunde geeignet.

COURSING

Beim Coursing handelt es sich um eine Hundesportart, die den natürlichen Hetztrieb des Hundes befriedigt und ihn körperlich auslastet. Coursing eignet sich vor allem für Hunde, die gerne rennen und Beute hinterherhetzen. Hierbei wird mittels eines Quads eine Hasenattrappe durch freies Gelände gezogen, um die zick-zack-artige Flucht von Hasen zu simulieren. Die Distanz beträgt meistens zwischen 500 und 1000 Metern. Die Sportart wird meist in Zweierteams absolviert, bei denen die Hunde mit einer Decke und einem speziellen Rennmaulkorb ausgestattet sind, der verhindern soll, dass die Hunde sich beim Streiten um die Attrappe verletzen. Bei Turnieren vergibt eine Jury Punkte in den Kategorien Kondition, Ehrgeiz und Gewandtheit. Teilnehmen dürfen Hunde die über 18 Monate alt sind, allerdings müssen einige Voraussetzungen beachtet werden: Die Grundkommandos müssen sicher sitzen, vor einem Training sollte der Hund circa zwei Stunden vorher das letzte Mal etwas zu Trinken bekommen. Auch ist es vorteilhaft, wenn der Hund Freilauf sowie unterschiedliche Geländesituationen gewöhnt ist und keine Angst vor motorisierten Gefährten hat, da die Attrappe normalerweise von einem Quad gezogen wird.

Geeignet für Therapie- und Assistenzhunde?

Coursing ist nicht für Therapie- und Assistenzhunde im Dienst geeignet, da der Hetztrieb arbeitender Hunde nicht gefördert werden darf. Einzig ausgemusterte oder frühzeitig berentete Therapie- oder Assistenzhunde können diesen Sport ausüben, wenn sie daran Gefallen finden.

WALKEN MIT HUND

Wie auch beim Nordic Walking lassen sich Hunde selbstverständlich auch sehr gut zum Walken ohne Stöcke mitnehmen. Was viele Menschen nicht wissen: Walken ist nicht nur ein langsamerer Übergang zum Joggen und auch nicht einfach „gehen". Beim Walken werden bis zu 7 Kalorien pro Minute verbrannt, da der Körperschwerpunkt sehr hoch liegt und der Gang somit aufrecht bleibt. Wichtig ist auch, die Arme beim Walken aktiv mitzunehmen, um ein Ganzkörperworkout zu bekommen. Walking eignet sich hervorragend für Menschen, die entweder länger keinen Sport mehr betrieben haben oder aus gesundheitlichen Gründen nicht joggen gehen können. Mit dem Hund wird der Ausflug zum Walken umso spaßiger. Allerdings ist zu bedenken, dass der Hund ab und zu stehen bleiben wird, um zu schnüffeln. Hier gibt es die Möglichkeit, mit Leine ebenfalls stehen zu bleiben, oder aber der Hund ist so weit erzogen, dass „Fuß" für ihn wirklich „Fuß" heißt. Ebenso ist es möglich, zum Walken eine eigene Leine mit eigenem Halsband zu erstehen, sodass der Hund die Assoziation bekommt, dass mit diesem Set ein anderer Ausflug geplant ist als das normale Spazierengehen. Auch kann auf die Leine verzichtet werden, wenn der Hund gut hörig ist und der Halter sich von eventuellem

Stehenbleiben nicht gestört fühlt.

Geeignet für Therapie- und Assistenzhunde?

Solange der Halter körperlich in der Lage ist, eignet sich Walken für alle Arten von Assistenzhunden. Wie bei Jogging und Nordic Walking ist hier allerdings zu beachten, dass Warnhunde, Signalhunde und PTBS-Assistenz- und Autismushunde einige Aufgaben nicht ohne Probleme durchführen können. Diabetiker sollten dabei wieder ihren Blutzuckerspiegel selber im Auge behalten.

HUNDEWANDERN

Wanderurlaub ist eine ebenso populäre Weise zu Reisen wie Strandurlaub. Kein Wunder: Glitzernde Seen, atemberaubende Aussichten und frische Bergluft sind für sich schon sehr gute Argumente. Ein weiterer Pluspunkt ist, dass Hunde problemlos mitwandern können. Viele Reiseveranstalter und Hundeverbände bieten geführte Hundewanderungen an, die eine schöne Freizeitgestaltung mit Urlaubscharakter für Hund und Halter sind. Beim Wandern im Gebirge sollte der Hund sicherheitshalber jedoch stets an der Leine geführt werden. So ist der Halter für Situationen, in denen beispielsweise die Strecke durch schmale Bergpfade führt oder sehr viele Wanderer entgegenkommen, perfekt abgesichert. Der Unterschied zum Spaziergang ist, dass hier längere und auch anstrengendere Strecken bewältigt werden, da es sich um anderes Gelände mit unterschiedlich hoher Steigung handelt, was den Hund perfekt körperlich auslastet. Auch sollte der Halter kein Problem mit Höhen oder Schwindel haben und sich idealerweise sicher in bergigem Gelände bewegen können. Dann wird das Wandern mit Hund ein riesiger Spaß.

Geeignet für Therapie- und Assistenzhunde?

Wandern eignet sich für alle Therapie- und Assistenzhunde, solange der Halter körperlich dazu in der Lage ist. Diabetiker sollten damit rechnen, aufgrund der vermehrten körperlichen Tätigkeit schneller in Unterzuckerungen kommen zu können. Da wandern jedoch nicht konstantes Gehen erfordert, sondern auch häufig angehalten wird, kann der Hund hier meist wie gewohnt warnen.

ÜBER DIE AUTORIN

Seit ihrem zehnten Lebensjahr sind die Autorin und ihre Golden Retriever-Hündin Maja unzertrennlich. Im gleichen Zeitraum entdeckte die Autorin auch ihre Leidenschaft zum Wort und begann das Schreiben in ihren Alltag zu integrieren. Heute ist sie Studentin der Literatur- und Theaterwissenschaften und freiberuflich als Texterin und Autorin tätig.

Entspannungsmethoden für
Assistenz- und Therapiehunde
von Lisa Feldmann

Paperback, 74 Seiten
ISBN: 978-3-944473-27-7